州名一覧

1 ピナール・デル・リオ
2 ハバナ
3 ハバナ市（州と同格）
4 マタンサス
5 シエンフェーゴス
6 ビヤ・クララ
7 サンクティ・スピリトゥス
8 シエゴ・デ・アビラ
9 カマグェイ
10 ラス・トゥナス
11 グランマ
12 オルギン
13 サンティアゴ・デ・クーバ
14 グアンタナモ
15 青年の島

（出典）『キューバガイド（海風書房発行、現代書館発売）にもとづき作成。ただし、表記は現地発音に変えた。

有機農業が国を変えた

小さなキューバの大きな実験

吉田太郎

コモンズ

有機農業が国を変えた●もくじ

装丁・林佳恵

プロローグ

知られざる有機農業大国

上空から見たキューバ。緑の大地が広がっている

◆官民あげた有機農業への取組み

「世界でもっとも有機農業が進み、いま注目すべき国はどこか」と問われたとき、あなたの脳裏には、どの国が思い浮かぶだろうか。

日本ではあまり知られていないが、実はキューバは世界でも類を見ない有機農業先進国である。キューバは面積約一一万㎢と日本のほぼ三〇%、農地面積は約六七〇万ha（うち自然牧草地と休閑地が約三〇〇万ha。表1参照）だ。農業省のホセ・レオン国際局長はこう語っている。

「キューバにいかに巨大な有機農業があるかを多くの人は知りません。どれくらい巨大かですって？　サトウキビ以外の農地は約一五〇万haが完全にバイオロジカルで、残りもわずかな化学肥料を入れているだけです。ほとんど農薬も除草剤も使っていません。米のような例外はありますが、これが真実なのです。そう、私たちは、世界でもっとも有機的な農業生産を行っているのです。化学肥料の使用は、以前の六分の一以下にまで減りました[1]」

キューバの耕作地は、サトウキビと放牧地を除くと約一九〇万haある。したがって、その八割が有機農業や減農薬・減化学肥料の環境保全型農業で営まれていることになる。また、一四〇万haあるサトウキビも殺虫剤は撒かれておらず、除草剤の散布量も以前の三割ほどに削減されている[2]。

経済危機までは一三〇万トン輸入されていた化学肥料は、いまでは約一六万トン輸入されているだけだという。また、農業省のアルフレド・グティエレス副局長によると、二〇〇一年現在、農薬は一九〇〇トンしか使っていないという[3]（ただし、二〇〇〇年の農薬輸入量は約九〇〇〇トンという

表１　農地利用の現状（1997 年）

（単位：1000ha）

	国営農場	非国営農地					合計
		新協同組合農場	協同組合農場	生産農家組合	個人農家	小計	
耕作地	902.6	1,739.4	371.8	474.7	212.9	2,798.8	3,701.4
うち永年作付地	562.8	1,551.2	279.4	164.6	48.1	2,043.3	2,606.1
サトウキビ	197.8	1,287.0	218.1	57.9	8.9	1,571.9	1,769.7
コーヒー	34.3	30.8	20.1	39.6	16.4	106.9	141.2
カカオ	1.1	2.4	1.2	3.9	0.6	8.1	9.2
バナナ	56.6	29.2	13.0	16.4	7.8	66.4	123.0
柑橘類	41.1	38.5	3.8	7.8	1.7	51.8	92.9
その他果樹	29.4	16.8	9.1	22.7	6.3	54.9	84.3
採草放牧地	189.0	144.9	13.5	13.8	5.0	177.2	366.2
その他	13.5	1.6	0.6	2.5	1.4	6.1	19.6
うち一時的耕作地	339.8	188.2	92.4	310.1	164.8	755.5	1095.3
米	117.9	65.1	14.8	17.8	8.9	106.6	224.5
さまざまな耕作地（野菜を含む）	188.7	103.6	63.6	226.2	106.0	499.4	688.1
タバコ	8.0	5.1	10.1	31.5	12.1	58.8	66.8
牧草	4.4	4.5	0.3	0.9	0.2	5.9	10.3
その他	16.3	9.1	3.3	33.4	37.6	83.4	99.7
育苗・種子	4.5	0.8	0.3	0.3	0.0	1.4	5.9
自然牧草地	914.7	770.9	196.2	269.4	71.6	1,308.1	2,222.8
休閑地	417.2	245.7	46.2	35.6	17.8	345.3	762.5
合計	2,234.5	2,756.0	614.2	779.7	302.3	4,452.2	6,686.7

（出典）Anuario Estadistico de Cuba 2000.〈http://www.camaracuba.cubaweb.cu/TPHabana/Estadisticas 2000/estadisticas 2000.htm〉より筆者作成。

データもある。）

　郊外の畜産農家では、都市のレストラン、ホテル、学校などから出された生ごみを加工処理していた。キューバでは、都市から排出される有機性廃棄物はすべて農業に再利用されているという。糞尿も簡単なメタンガス発酵装置によってエネルギーとして活用され、余すところなく資源がリサイクルされているのだ。

　目を市街地へと移せ

ば、空き地やごみ捨て場が次々と有機栽培の農園へ生まれ変わり、レタス、トマト、インゲンといった野菜がところ狭しと作付けられている。庭で野菜を作る人びとも増えた。市内に設けられた農産物直売所では、たくさんの有機野菜が売られ、消費者でにぎわっている。一九九一年から始まった都市農業は、たとえば人口二二〇万人の首都ハバナ市の野菜消費量の半分程度を市内産でまかなうまでに成長した。そして、都市内では、農薬を使用しないように取り決められている。

なるほどヨーロッパの有機農業政策は日本に比べて格段に進んでおり、しっかりした認証制度やトレーサビリティー（追跡可能性）など学ぶべき点も多い。日本も、国の農政はさておき長い歴史のなかで育まれてきた土づくりや輪作など個々の「農家の技」を取り上げてみると、世界最高水準と思われるノウハウが蓄積されている。しかし、欧米も日本も国をあげて有機農業への転換を図るまでには至っていない。

キューバにおいては違う。フィデル・カストロ国家評議会議長以下、官民が総力をあげて有機農業や持続可能農業に取り組み、まさに国全体が環境保全型農業の博覧会といってもよい状態だ。生産者の意欲、行政官の熱意、バランスのとれた研究体制、ゆきとどいた政策を全体的に評価すると、世界最大の有機農業大国という軍配はキューバにあげざるを得ないのである。

たとえば、ヨーロッパ各国で全農地に占める有機農業が行われている農地の割合をみると、オーストリアがトップで八・六八％、以下イタリア七・一四％、フィンランド六・七三％、デンマーク六・二〇％となっている。ドイツは三・七〇％、フランスは一・五〇％にすぎない。「将来的には農地の三〇％を有機農業で」と主張しているイギリスも現状は三・三三％である[4]。有機農業の面積がいかに少ないかがわかるだろう。キューバの場合、どれだけが完全な有機農業かの正確なデータはまだない。だが、レオン局長の発言を多少割り引いて一〇〇万haが有機農業で行われているとしても、耕作面積三七〇万haの二七％になる。この比率がいかに大きいかがわかるだろう。

しかも、日本の場合、一haあたりの化学肥料使用量は一一五八kg[5]、農薬使用量は一haあたり七一・四kgだ[6]。これに対してキューバの場合、化学肥料は四八kg、農薬については輸入量の九〇七一トン（二〇〇〇年）で計算すると二・四五kgである。それぞれ日本の二四分の一以下、二九分の一以下である。日本では慣行使用量の半分以下で減農薬・減化学肥料栽培と認定されるのだから、キューバではほぼ全農家が環境保全型農業を行っているといってもよい。

◆最先端の技術を活かした適正技術

キューバの有機農業の歴史はまだ日が浅い。スタートして、一〇年そこそこしか経っていない。九〇年までは、遅れた発展途上国というイメージとは裏腹に、筋金入りの近代農業が追求されてきた。灌漑設備が整った数万haの大規模農場を旧ソ連製の大型トラクターが走り回り、飛行機が空から米の種モミを播く。大量の農薬（強力な毒性をもつパラチオンやＤＤＴなど）と化学肥料が散布された。栽培品目はサトウキビ、柑橘類、タバコ、コーヒーなど換金作物が大半で、こうした農産物の輸出で得た外貨で生活物資の大半を輸入するという、国際分業論を絵に描いたような国づくりを進めてきたのである。国民の約八〇%は都市に居住し、輸入配合飼料で育てた牛肉が食べられ、食料自給率は四〇%程度にすぎなかった。

大胆な有機農業への転換が成功した背景には、技術の裏付けがある。亜熱帯気候のキューバは土が痩せ、病害虫の発生も多い。有機農業には不利な条件である。だが、一九五九年の革命以来、大学まで無料の教育制度をつくり、人材育成に力を注いできた。農業関連だけでも、三三の研究機関がある。バイオテクノロジーや医薬品の開発は、先進国に匹敵する。

それらが有機農業の技術開発へ動員された。しかも、研究者たちは机上の理論や実験だけに頼ることなく、各地の農民たちと語り合い、現場の悩みや伝統的な栽培技術を掘り起こした。成功の秘訣は、最先端のバイテク技術と在来農法とを組み合わせ、資材が不足するなかでも実践可能な適正技術を開発したことにあるといえよう。

ミミズを利用した堆肥づくり、アゾトバクターやリゾビウム、VA菌根菌を用いた微生物肥料の開発、天敵を活用した害虫の総合防除、各種のカビや植物エキスなどからなるバイオ農薬、残飯を飼料に転用した循環型の畜産……。伝統的な農法を重視しながらも、新しい技術を加味して、畜産やサトウキビを除いて八〇年代を上回る生産性をあげている。転換八年目の九八年には、農業生産量はほぼ以前の水準に回復し、その後も生産量を伸ばし続けている。

さらに、農政改革は有機農業への転換にとどまらない。全農地の八割近くを占めていた大規模な国営農場を解体し、三〇〇〇近くの新協同組合農場に再編成した。労働力不足に陥った農村を支援するため都市住民からなるボランティア組織を派遣したり、定住用の住宅を農村に建設して帰農希望者を募ったり、担い手対策にも力を注いでいる。全国で三〇〇以上の農産物直売所が新たに設置され、食生活も輸入に頼ったパスタや牛肉から、地元産の有機野菜中心に転換しつつある。

◆「緑の革命」ではなく「グリーン革命」

「緑の革命」[7]を地で行った近代農業を一変させ、真の「グリーン革命」たらしめたのは、九一年のソ連崩壊にともなう深刻な経済危機だった。石油、農薬、化学肥料、農業機械の輸入が激減し、アメリカ合衆国（以下アメリカ）の貿易封鎖がこれに輪をかける。

なかでも深刻だったのは食料である。農業生産量は半分近くに落ち込み、輸入食料も半減した。牛肉や豚肉はほとんど手に入らず、パンは一日一個に制限され、一人一日あたりの平均カロリー摂取量は三〇%もダウン。栄養失調で五万人以上が一時的に失明したという[8]。一歩誤れば大量の餓死者を出しかねない危機的状況のなかで、石油資源に依存する近代農業から、地域資源を活用した有機農業への転換は、起死回生の国家的切り札であったのだ。

世界の農業はいま、経済のグローバル化と新自由主義経済による国際分業によって翻弄されている。しかし、地球は生態的には閉鎖系である。石油やその他の地下資源もやがては枯渇することを考えれば、キューバが経験したできごとは、日本を含めてどこの国もいずれは直面する事態であるといってもよい。そのとき、いち早く閉塞状況を切り抜けつつあるキューバは、人類の未来にとって明るい希望をもたらす存在であるといえよう。

社会主義国であるキューバは、「カストロの独裁国家」というネガティブなイメージで捉えられがちである。有機農業の取組みについても、日本ではこれまでほとんど紹介されていない。しかし、欧米ではよく知られており、有機農業NPO「キューバ有機農業グループ」(GAO)は、九九年に「もうひとつのノーベル賞」として知られる「ライト・ライブリーフッド賞」を受賞している。筆者も出席した二〇〇一年五月の第四回有機農業国際会議には、ラテンアメリカ各国に加えて北アメリカやヨーロッパも含めて何百人もが集まり、成果を分かち合った。

また、九二年六月にブラジルのリオデジャネイロで行われた国連環境開発会議(地球サミット)と九六年一一月にローマで行われた世界食料サミットでの、国内での実践にもとづくカストロの演説は、世界的に高い評価を受けている。とりわけ、食料サミットでの講演では拍手がいつまでも鳴りやまず、次の講演が予定どおり始められなかったほどだという。翌日の新聞の一面は、「食料サミットのスター、カストロ」の見出し付でカストロの写真が飾ったそうだ(9)。

一方、各国で最近話題の基準・認証問題については、キューバでも多くの研究者や農民が関心をもっている。だが、その有機農業の基本は、あくまで「高付加価値商品の開発」ではなく、自給にある。レオン国際局長はこう発言する。

「その国に住んでいる人たちが、その土地でできたものを食べること。それが一番安くつくし、健康につながるのです」

九九年に初めてキューバを訪ねて以来、筆者は計四回の訪問と取材を重ねてきた。有機農業を軸にキューバは国をどう変え、どこへ向かおうとしているのか。地球の反対側の小さな島国国家の大きな実験の成果を紹介していこう。

（1）Robert E. Sullivan "Cuba producing, perhaps, 'cleanest' food in the world", *Earth Times*, July 13, 2000.

（2）表1ではサトウキビの耕作面積は約一八〇万haだが、九七年以降減っている。

（3）Minor Sinclair and Martha Thompson, *Cuba : Going Against the Grain : Agricultural Crisis and Transformation*, Oxfam America, 2001.〈http://www.oxfamamerica.org/cuba/index.html〉およびパブロ・バスケスさんによる現地での再確認。

（4）ドイツに本拠をおく「環境・農業財団」のＥＵ諸国の有機農業に関する以下のサイトによる。Organic Europe〈http://www.organic-europe.net/europe_eu/statistics.asp〉

（5）農業生産資材情報センター『農業経営統計調査』（平成一二年度）より算出。

（6）農林水産省生産局生産資材課・植物防疫課監修『農薬要覧二〇〇一年版』日本植物防疫協会、二〇〇一年。

（7）食料生産を高め、飢えを解決しようと、高収量のF_1種子を発展途上国に導入したことをいう。これらの品種は大量の化学肥料や灌漑用水を必要とするため、環境への悪影響を及ぼしたほか、農民の所得格差を広げる結果となった。

（8）Harriet Beinfield, "Dreaming with Two Feet on the Ground : Acupuncture in Cuba", *Clinical Acupuncture and Oriental Medicine Journal*, June 2001.〈http://www.globalexchange.org/campaigns/

cuba/sustainable/caomj 0601.html〉

（9） カストロの地球サミットでの演説は本に収録されている。Fidel Castro, *Tomorrow is too late : Development and the Environmental Crisis in the Third World,* Ocean Press, 1993.

第1章

経済危機と奇跡の回復

有機農業を始めた元研究者のセグンド・ゴンサレスさん

1　カリブから吹く有機農業運動の新しい風

二〇〇一年五月一七日。メキシコシティを飛び立つこと三時間。ようやく眼下にキューバの山河が見えてきた。点々と連なるヤシの林やその間に広がる緑色の大地が目にまぶしい。機体はどんどん高度を下げ、気圧で耳が痛くなってくる。同時に、窓の外に広がる畑や牛、そして農家が、加速度的に大きさを増していく。車輪が大地に接触し、かすかな衝撃が座席に伝わった。ホセ・マルティ国際空港への到着だ。

日本を飛び立って正味二日。成田からニューヨークへ一三時間。ニューヨークからメキシコシティへ五時間。実に遠いが、これだけの時間をかけてでも、キューバには訪れる魅力がある。荷物を片手に飛行機を降りると、そこはもう明るいカリブの日差しが照りつけていた。ムッとした灼熱の大地の熱気が全身を包む。キューバへの旅は三度目になる。今回は、首都ハバナ市で開かれるアクタフ主催の第四回有機農業国際会議に参加するためやって来た。

一九九九年、農業者大学校のＯＢたち約二〇名が、埼玉県小川町の有機農家・金子美登(よしのり)さんを団長として、日本で初めてキューバの有機農業の視察を行った。この視察団に加えてもらった筆者は、「アクタフ」(ACTAF = Asociation Cubana de Tecnicos Agricolas y Forestales、農林業技術協会)のフェルナンド・フネス博士から、メッセージを受け取ったのである。

「世界に有機農業を広めるために、ともに全力を尽くしましょう。次に国際会議が開催されるときには、ぜひ、再びおいでください」

会議場は、ホテル・ハバナ・リブレ。三〇階以上の超高級ホテルである。三日間の会議の参加者は、世界二四カ国からの一五三人を含めて四一〇人。アメリカの大学教授による有機農業の講演のほか、堆肥づくり、病害虫防除、牛耕、都市農業などテーマ別のワークショップが盛りだくさんだ。ロビーでは、キューバの有機農業への取組みが一目でわかるように、図表や写真を盛り込んだパネル展示も行われている。多くの外国人たちが食い入るようにそれらを見つめ、キューバの研究者や農家と議論する。農業省の役人も参加していた。

三〇〇人以上も入る大ホールでは、生産者会議が開かれていた。壇上には二一人の農民がずらりと並んでいる。国際会議といっても着飾ることなく、野良着姿で、麦わら帽をかぶった人もいた。自分たちの経験や実践を述べ、参加者と論じ合うのが目的である。まず立ち上がったのは、中央部にあるビヤ・クララ州の農家、ラ・モンテさんだ。

「二頭の牛を使って耕作しています。炭や灰を肥料に用い、降雨で土が浸食されないように、水を溜める工夫をしたり、灌漑用水の調整をしています」

続いて、同じく中央部のサンクティ・スピリトゥス州出身のパブロ・トーベ・ロドリゲスさん。

「うちは一〇〇年も続く農家だ。以前は化学肥料をたくさん使っていたけれど、結局はコストがかかることがわかった。いまは化学肥料はまったく使っていない。トウモロコシはこの一五年、変わらず高い品質で、量も収穫できている。サトウキビと野菜の混作もやっている。堆肥も大事だが、種子も大切だ。だから、仲間と種苗を交換している」

話題は、農法だけにとどまらない。山間部の農民が「モデル・スクールをつくって、子どもたちに土がどんなに大切かを教えてきた」と経験談を語ったりもする。

夜は、革命前の大富豪の屋敷の中庭を利用した交流会。顔を出してみると、すでにアルコールがまわって、会場はかなり盛り上がっている。まずビールを飲み交わしたのは、メキシコのグループだ。キューバの有機農業の印象を尋ねた。

「実に勉強になります。メキシコは市場経済下にあるし、キューバのように食料が不足しているわけではないので、国をあげて有機農業を行うまでにはいきませんけどね」

「オレたちとも話そう」と、シエンフェーゴス州の若い農民リーダーたちも席へやって来る。やがて、けたたましい響きとともに舞台で陽気なサルサのバンドが始まった。キューバ人たちが率先して立ち上がる。同席していたキューバ人女性に、「いっしょに踊りましょう」と誘われ、見様見真似で踊ってみた。

「ダメ、ダメ。もっと腰を振らなくちゃ」

ひょうきんなお兄ちゃんたちが、「こうやるんだ」と実演。そのセクシーな腰のくねらせぶりに、女性たちがどっとはやしたてる。会場をとりまく熱気は、いつまでもおさまりそうもない。

有機農業の重要性が言われ続けて、相当な年月が経つ。だが、日本ではいまだに有機農業はマイナーな存在である。農業関係のオフィシャルな会議に出ると、後継者不足や農産物価格の低迷など、暗い話題しか出てこない。

一方で、この国際会議の陽気さはどうだろう。世界各地からの参加者に囲まれて歓声をあげていると、有機農業こそが人類の将来を担う農業であり、深刻な食料問題や環境問題もこのエネルギーで打開できるという希望が見えてくるから不思議である。農民たちの自給に根差した有機農業での国づくり。そんな新しい風が、カリブから吹いてくるのではないだろうか。

実際、キューバは国をあげて有機農業に取り組み、農業のあり方、ひいては国のあり方を変えた。そして、一九六〇年代に一世を風靡(ふうび)したチェ・ゲバラではないが、「有機農業による自給」という「もうひとつの革命」を再び世界に発信しつつある。

2　食料危機からの回復を支えた人びと

◆未曾有の危機「スペシャル・ピリオド」

キューバが国をあげて有機農業による自給に取り組み始めたのは、なぜなのだろうか。

革命以来、アメリカから徹底的な貿易封鎖を受けてきたキューバは、砂糖を中心にタバコやコーヒーを輸出し、化学肥料や農薬はもとより、石けんや紙などの生活物資から電気製品、自動車に至るまで社会主義諸国から輸入するという、徹底した国際分業体制をとってきた。貿易量は旧ソ連一国だけで七〇%を占めていた。八九年の食料自給率は、わずか四三%。輸入比率を見ると、小麦一〇〇%、家畜飼料九七%、豆類九〇%、米四三%という数字が並んでいる[1]。国際貿易のバランスが一度崩れれば、国全体が転覆しかねない脆弱さを内在させていたのである。

このため、八九年から九一年にかけて社会主義圏が崩壊すると、キューバは未曾有の経済崩壊と食料危機に直面してしまう。農業省のレオン国際局長が、当時を振り返る。

「ソ連からは一〇〇万トン以上の化学肥料、約三万トンの農薬、約二〇〇万トンの家畜飼料を輸入していましたが、そのすべてが大きく減りました。石油の輸入も同様に減り、八万五〇〇〇台あったトラクターの多くは停止してしまったのです。貿易量は八五%も減少しました」

たとえば八九年には、少なくとも一三〇万トンの化学肥料、一万七〇〇〇トンの除草剤、一万トンの殺虫剤・殺菌剤が輸入されていた。ところが、九二年には化学肥料はほぼ四分の一に、農薬は約四割に減る[2]。石油の輸入量も、八九年の約八万四〇〇〇バレルから九三年には約三万六〇〇〇バレルに減り、国内生産分を合わせても約四万三〇〇〇バレルしか確保できなかったという[3]。石油不足でトラクターに加えて灌漑ポンプもなかなか動かせず、作物は畑で枯れた。家畜飼料の輸入も三年間で約三割に減少。その結果、九四年の農業生産量は九〇年の五五%になってしまう。

シエゴ・デ・アビラ州にマモナルという村がある。土地は肥沃で、トラクターや灌漑設備が整えられたサトウキビやトマトの産地で、トマトは国中に流通していた。だが、経済危機の影響で化学肥料や種子、石油が入手できなくなり、灌漑用ポンプを回す電気もなくなった。九四年のトマトの収穫量は八九年のわずか五％にまで落ち込んだ。

六二年以来、キューバでは、米、パン、フリホール（うずら豆）、肉、鶏卵、牛乳、砂糖、ジャガイモといった基本食料は、国民一人あたり月二〇ペソ弱（一ペソ＝約六円）で配給されてきた。平均給料は一八〇ペソだから、誰もが十分な食料を得られ、一人あたりの平均カロリー摂取量は二九〇八キロカロリーと、日本（二〇〇〇年度で二六四五キロカロリー）より多かった。

だが、海外からの輸入食料は半分以下に減少し、配給量は日に日に減っていく。当時の映像を見ると、配給所のガラスケースや棚は文字どおりがらんどうだ。[4] 一人あたり八〇gのパンが一日一個、米は一カ月に二・四kg。卵は一週間に二個配られればいいほうだった。[5] 配給で手に入らない物資は闇に頼らざるを得ない。病人のために牛乳を求めようとしても、一ℓの値段が月収にまではね上がったそうだ。[6] 九四年の一人あたりカロリー摂取量は一八六三キロカロリーと、食料危機以前の六四％にまで低下。[7] 老人たちは二食に切り詰め、孫たちにまわした。[8] 栄養不足のために妊婦の多くは貧血症を起こし、病気にならない市民も多くが空腹のために寝込んだという。[9]

革命以来の指導者カストロは「食料問題が最優先だ」と宣言し、九一年九月、国を戦時経済体制下におく。[10] キューバ人言うところの「スペシャル・ピリオド」（スペイン語ではペリオド・エスペシアル）が始まったのである。六二年のミサイル危機をも乗り越えてきたカストロが「革命始まって以来の最大の危機」と称したのだから、どれほど事態が深刻であったかがわかるだろう。

◆有機農業で生産を一気に回復

食料危機を抜け出す道は、輸入資源に依存しない生産方法である。大型機械や農薬・化学肥料に依存する近代農業を捨てるしかなかった。カストロは農業のすべてを「オルターナティブ」な方法で行うように命じ、農業省も「今後は有機農業で行う」と公式に宣言した。[11] かくして、国をあげて有機農業への転換が始まるのである。

その結果どうなったのだろうか。九四年に九〇年の五五%まで落ち込んだ農業生産量は、数年間で驚くべき回復を果たす。九六年には九五%になり、九八年から九九年にかけては、ほぼ以前の水準へ戻っている。なかでも米や野菜、果樹は有機農業によって完全に回復した。たとえば米は、九三年の約一二万トンが九九年には約四〇万トンに伸びている。そのほか、九四年と比べた九九年の生産の伸びは、次のとおりである。

根菜類＝三・四倍、野菜＝四・五倍、トウモロコシ三・二倍。

輸出用の換金作物の回復ぶりもめざましい。タバコ、柑橘類、コーヒーは、いずれも以前の水準をほぼ達成した。タバコは九四年に八九年と比べて四〇%に落ち込んだが、九八年には九〇%近くまで回復している。柑橘類も九四年には八九年の半分以下に低下したが、九九年には約九〇%まで戻った。

表2　農業生産量の推移（1990〜2000年）　（単位：1000トン）

	1990	1991	1992	1993	1994	1995	1996	1997	1998	1999	2000
穀物	538.7	482.9	416.9	226.2	229.7	303.8	472.9	544.9	391.2	553.9（796.7）	509.6（826.0）
米	473.7	427.6	358.4	176.8	226.1	222.8	368.6	418.8	280.4	368.6（559.0）	305.9（552.8）
トウモロコシ	65.0	55.3	58.5	49.4	73.6	81.0	104.3	126.0	110.8	185.3（237.7）	203.7（273.2）
サトウキビ	8,180.0	7,970.0	6,630.0	4,370.0	4,320.0	3,360.0	4,130.0	3,890.0	3,280.0	3,400.0	3.640.0
豆類	12.0	11.8	9.7	8.8	10.8	11.5	14.0	15.7	18.5	38.1（76.8）	59.6（106.3）
根菜類	702.3	690.4	753.9	568.7	484.5	624.2	742.3	679.4	595.0	879.5（1372.9）	992.9（1580.0）
ジャガイモ	202.7	237.6	264.5	235.2	188.3	281.6	365.0	330.0	206.2	344.2	367.9
サツマイモ	208.8	192.5	205.8	130.4	133.4	151.6	149.4	145.2	157.5	195.4	219.5
里イモ	39.1	31.1	25.5	10.7	7.2	7.8	10.3	14.4	25.6	59.0	71.6
野菜	484.2	490.8	513.7	392.9	322.2	402.3	493.6	471.3	643.4	1,015.4（1442.5）	1,460.5（2372.7）
トマト	165.0	175.0	197.2	127.8	95.9	140.4	162.9	146.2	112.1	285.1	338.5
玉ネギ	18.1	20.8	9.9	6.3	2.9	6.0	8.4	11.1	15.7	32.4	44.3
ピーマン	42.6	32.1	19.8	15.0	6.9	8.1	10.6	10.4	8.2	19.5	28.0
バナナ	324.2	357.1	514.6	400.1	360.7	399.9	539.4	382.3	462.3	493.4（603.2）	587.1（844.9）
果樹バナナ	201.8	214.0	245.9	169.9	143.1	166.0	179.0	118.9	153.5	151.9	185.1
食用バナナ	122.4	143.1	268.7	230.2	217.6	233.9	360.4	263.4	308.7	341.5	402.0
柑橘類	—	—	—	—	505.0	563.5	662.1	808.4	713.3	709.9（794.6）	898.5（958.6）
オレンジ					256.4	275.5	283.2	482.3	358.7	440.6	440.8
グレープフルーツ					223.5	261.2	350.0	296.3	324.1	232.9	415.4
レモン					15.2	18.5	20.1	21.0	17.3	21.0	18.7
その他果樹	219.0	257.6	127.4	68.3	89.1	112.3	102.6	117.4	136.8	276.9（464.6）	277.7（600.8）
マンゴー	72.5	122.0	39.2	18.1	44.4	70.9	50.4	52.6	43.0	141.6	100.2
グァバ	33.1	32.8	23.1	9.7	8.8	9.4	10.4	6.6	6.7	13.0	16.1
パパイヤ	39.9	32.3	16.1	13.8	8.6	10.2	15.1	—	—	—	—
タバコ	—	—	—	19.9	17.1	25.0	31.5	31.0	37.9	30.5	38.0
牛乳	—	—	—	—	635.6	638.5	668.6	708.1	655.3	617.8	614.1
卵	—	—	—	—	1,647.4	1,542.5	1,412.5	1,631.6	1,415.7	1,753.0	1,721.6

（注1）自給農場、個人農家、市民農園の生産量を含まない。ただし、99･00年については、それらを含む数値をカッコ内で示した。
（注2）米はモミ米の数値である。本文では日本の統計と同じく0.7をかけた玄米換算で示している。
（出典）表1に同じ。

アメリカのカリフォルニア州に、食料問題を専門に研究する「フード・ファースト」というNGOがある。代表のピーター・ロゼット博士（元スタンフォード大学の昆虫学・農業環境学の教授）は、九二年にキューバの有機農業への転換の実態調査を行い、世に広く紹介した[12]。その後も有機農業の進展ぶりを見守ってきた博士は、九九年の論文で次のように語っている。

「九七年にキューバは、主要な一三品目のうち一〇品目で高収量をあげた。最近では、国連開発計画（UNDP）の『持続可能な農業ネットワーク推進プロジェクト（SANE）』が行われ、有機農業国際会議も開催している。有機農業は大いに進展し、ソ連圏崩壊によって引き起こされた食料危機を克服したという印象を受けている[13]」

◆近代農業から有機農業へ転換した農家

有機農業へ転換して、農家の暮らしはどう変わったのだろうか。何軒かの様子を紹介しよう。

まず、ハバナ市の中心部から約一〇km、都市農家アンドレス・オルテガ・テヘラーさんの農場である。アンドレスさんは六九歳になるが、一人で約三haの土地を耕している。もっとも三haといっても、日本のようにすべてが畑ではない。森林や果樹林の間にある畑で野菜が育っていたり、牛が草を食んでいたりする。

「私は、マタンサス州の生まれで、一九歳のときからずっと農業をやってきました。革命以前はサトウキビ農場で働いていたのですが、仕事は厳しく、刀で軍隊から追い立てられたりしました。

サトウキビの収穫がないときは仕事がもらえませんから、満足な食事にありつけず、服も買えません。ダンスを踊りたくても服が買えず、やっと年末にズボンとシャツを買ったものです。あまりに暮らしが厳しく、ハバナに逃げてきました。そして、革命が起こって、政府から土地をもらったんです」

家には、若き日のカストロの写真が飾ってある。アンドレスさんにとっては、土地を与えてくれたカストロは神様に近い存在なのだろう[14]。

「ずっと有機農業をやってきたんですか」

「いいえ、農薬や化学肥料を使った近代農業をやっていました。スペシャル・ピリオドを契機に有機農業に変えたんです。牛を飼っていたので、牛糞で堆肥をつくり、ミミズを利用するようになりました。病害虫防除には天敵やバイオ農薬を使っています」

ミミズ堆肥の説明をするアンドレスさん

アンドレスさんの農業は、自然の循環を活かした有畜複合経営である。野菜畑に加えて、コーヒー、ココナッツ、グァバ（熱帯アメリカ原産の果樹。日本ではバンジロウの名で、屋久島や沖縄で生産されている）、レモン、オレンジなどの果樹園や、小さな池もある。

「果樹の受粉が進むので、ハチも飼っています。ハチは水分を好むので池を造り、魚も養殖しています。全部が循環して生産性が高くなっているんですよ。ハチミツは国に売ります。国はそれを学校や病院に提供したり、外国に輸出して外貨を獲得しているんです。果物は生産農家組合に販売するほか、マタニティセンターや学校にも寄付しています」

キューバには、いろいろな組合で優秀な成績をあげた人を表彰する制度がある。五〇人からなる生産農家組合のメンバーであるアンドレスさんも選ばれて、ホテルに招待されたりトロピカーナという観劇を楽しんだ。自宅にはソニー製のテレビやビデオもある。高級ホテルや演劇ホールは外貨獲得用の貴重な観光資源として国が運営しているが、これらを外国人観光客だけに独占させず、一所懸命に頑張った農家にも開放している。これはカストロ政権の方針だ。

アガラモンテ農場のヘスス・サルガドさんは六五歳。やはりハバナ市郊外の五四人からなる生産農家組合のメンバーである。面積は一〇ha。広大な農地で、バナナや玉ネギ、中国野菜、花などを家族で栽培している。堆肥づくりの名人として、先に紹介した有機農業国際会議で発表した。

「以前は化学合成品を使っていたんですが、九三〜九四年に変えました。化学肥料のほうが簡単に作物ができますが、長い目で見れば有機のほうがいいんです。堆肥を土に入れれば、五年間は効き目があるし、野菜も大きくなる。花だって立派なもんでしょう」

そして、畑のあちこちで大量に堆肥が入れられた土を手にとっては、「どうです、フカフカでしょう」と自慢する。

「子どもたちのためにも、絶対に有機のほうがいい。よく、土地が痩せたから農業ができなくなったと言う人がいますね。でも、それはウソなんですよ。自然をうまく循環させれば、土は古くなりません。それをやらなくちゃダメなんです」

◆研究者を辞めて有機農家に転身

食料危機のなかで、脱サラして新たに有機農業を始めた人たちも多い。金属化学の研究者であった奥さんのオオエ・オルガさん（日系二世）とともに、細菌学の研究者から農家へ転身したセグンド・ゴンサレスさんの畑を訪ねてみた。オルガさんのお父さんが持っていた自宅前の五〇aの畑を引き継ぎ、夫婦は九一年から農業を始めた。

「野菜は二〇種類を作っています。すべて無農薬栽培です。虫がついたときは、植物から抽出した天然の殺虫剤を散布します。政府の研究所が開発したバイオ農薬も使っていますが、他の細菌が混ざると効きません。効果が出るまで、時間もかかります。また、日差しが強かったり雨が降ると、バクテリアは死んでしまう。まだ、日に日に研究を積み重ねている段階ですね」

そうは言うものの、ほとんど虫にも食われず、みごとに野菜が育っている。畑の奥には堆肥の山がある。原料は牛糞が中心。牛は二頭しかいないため、足りない分は他から調達しているという。セグンドさんが金属の棒をぐいとばかり押し込んで、しばらく経って抜いてみた。

「ほら、もう温度が高くないでしょう。すでに発酵が終わっているわけです」

棒を手で触りながら、温度を確かめる。さすが、元研究者だけのことはある。

「キューバは有機農業が進んでいるといっても、私たちは特別のことをやっているわけじゃない。家族が生きていくためですが、それで健康的な暮らしが送れるし、豊かな気持ちになれます」

有機農業は、大変な労力がかかる。たとえば、五〇aの畑に施肥するのに化学肥料なら三時間ですむが、堆肥は二〇トン入れているから一日でも終わらない。労働費で換算すれば、数倍になるという。しかし、コストの問題よりも、土を大切にしたいと考えるセグンドさんは、こう続ける。

「私には、電気工学を学ぶ息子と、一一歳になる小学校六年生の娘がいます。彼らが農業を継ぐかどうかはわかりません。将来のことは子どもたちが親の姿を見て決めればよいのですから、強制はしません。ですが、この小さな土地は地球と同じで、決して汚してはいけない。子どもたちのためにも汚してはいけないんです。そして、子どもたちがまた次の子どもたちへと汚さずに残していかなければならない、貴重なものなのです。世界中がそうあってほしいし、それにはまず自分から実践しなければならないと思います。

研究所での仕事は楽しいものでした。でも、ロケットやコンピュータを造るよりも、命を支える安全な食べ物こそが人間にとっては必要なんです。農業は正直者がやらなければならないし、インテリでなければやれない仕事だと思うのです」

◆週末百姓の自給菜園

ハバナ市には脱サラで専業農家になった人だけではなく、サラリーマンを続けながら自給している週末百姓も多い。セグンドさん夫婦の農園の隣で自給菜園を耕すアルマンド・サモーラさんの畑も訪ねてみた。ちょうど日曜日だったから、鼻の下に豊かなヒゲをたくわえた二人組が待っている。アルマンドさんとアレアンドロ・ロドリゲスさんである。二人は同じヨーグルト工場に勤め、奥さん同士が姉妹だという。

さっそく、自宅のすぐ前にある畑を案内してもらう。自給菜園といっても、日本の感覚からすればけっこう広い。一〇aはあるだろう。

「これはキャッサバです。こっちはニヤメ（山イモ）、マランガ（里イモ）、ボニアト（サツマイモ）。バナナは三種類を作り、鶏のエサ用にサトウキビも作っています。平日は仕事が終わってから、畑の様子を見たり水をやったり、一時間ほど作業します。作業着に着替えて本格的に農作業するのは、土曜と日曜だけです。この二日は四〜五時間は働きます」

「やはり有機農業ですか」

「もちろんです。化学合成品は全然使っていません。野菜は市内の直売所でも売っていますが、自分で作ったものなら、より安心して食べられるじゃないですか」

そう言うとアルマンドさんは、最近までレタス、ニンニク、ピーマン、トマトを作っていたという場所を、鍬をふるって耕し出した。

「週末百姓は、経済危機が契機で始めたのですか」

「そうです。基本的に家族の自給用で、売りには出していません。ここは、以前はごみと石の荒れ地でしたが、開墾して畑にしました。親が田舎で農業をやっているのを見ていたので、どう野菜を作るかは知っていました。家の前で仕事できるので健康的だし、まだ若いから、定年後もやるつもりです。少しは広げたいとも思っています」

◆人類史上最大の実験

世界中のどこであっても、近代農業から有機農業へ転換すると、以前の生産水準に到達するまでに五年はかかるとされている。地力がついて、微生物や昆虫のバランスが元に戻るのに一定の時間を要するからである。キューバでも転換して三年後の九四年に生産量は最低となったが、九六〜九七年には大きく回復した。

しかも、海外のNGOからの援助（九七年で、六七〇〇万ドル（約七億七〇〇〇万円））は受けているが、世界銀行やIMF（国際通貨基金）の援助は受けていない。有機農業を機軸とする自力の農政改革で回復したのである。農業副大臣は二〇〇一年五月に、アメリカのNGOオックスファム・アメリカが出版した書籍のインタビューで「農業には補助金を与えなければならないという神話に、打ち勝たねばならない」と述べている[15]。

ロゼット博士も、アメリカのラジオ局ナショナル・パブリック・ラジオの『リビング・オン・

アース』という番組で、以下のように高く評価した。

「化学肥料や農薬が大量に使われるようになったのは、第二次大戦後にすぎません。それまでにも農作物は生産され、病害虫はさまざまな技術で管理されていました。いま、私たちはそれをオルターナティブと称していますが、以前は当たり前のことだったのです。アメリカは近代農業の生産性低下という難題に直面しています。同じ収量を得るのに三〇年前の三倍も化学肥料を使い、病害虫を防除するのに以前は一回か二回だけですんだ農薬を一〇回も撒いています。ですから、新しい農業のあり方を探し求めているのです。

この転換を広範囲でやっている世界でも唯一の事例がキューバなのです。キューバは、経済危機で有機農業への転換を強いられました。しかし、それはいずれ私たちも経験しなければならないことなのです。また、発展途上国の農業は、近代農業モデルを採用する以外に発展できないと通常考えられていますが、そうではないことも示しました。有機農業をベースにして、化学肥料や農薬を使わずに、小規模な農業でも国民をきちんと養えること、そしてそのほうがむしろ自給率を高められることを示しているのです。キューバの国をあげた有機農業への転換は前例がありません。人類史上における最大の実験です[16]」

キューバは亜熱帯である。年間平均気温二五・五度、年間平均降水量一三七五㎜。冷涼で降雨量が少ない欧米諸国と比較して、有機農業にはむずかしい条件だ。そこで、なぜ、転換が成功したのか。その秘密を解き明かすことが、私がキューバに魅せられた大きな理由だった。

そして、農業省、熱帯農業基礎研究所、土壌研究所、植物防疫研究所、養豚研究所と各行政・研究機関を訪問し、各地の農家や協同組合農場の実践を見聞きするうちに、「なるほど、これならやれる」と、有機農業を可能ならしめているだけのオーソドックスな技術的裏付けがあることがわかってきた。単なる精神論や掛け声ではなく、である。

キューバと同じく輸出で外貨を稼ぎ、食料を輸入するという貿易戦略をとってきた日本も、食料自給率は四〇％と低い。加えて、米が主食でハリケーンに悩まされるキューバは、物理的距離はさておき風土条件的には、アメリカよりモンスーンアジアと近い。日本では欧米の有機農業技術はある程度紹介されているものの、モンスーン気候下での有機農業技術の紹介は少ない。日本以上に病害虫が発生しやすい国での有機農業の技は、今後の日本の有機農業を考えるうえで興味深い素材を提供しているといえる。

（1）Peter Rosset and Medea Benjamin eds., *The Greening of the Revolution : Cuba's Experiment with Organic Agriculture,* Ocean Press, 1994. p 13.

（2）Minor Sinclair and Martha Thompson, *Cuba : Going Against the Grain : Agricultural Crisis and Transformation,* Oxfam America, 2001. 以下、本章の数字に関しては、本論文と前掲（1）を参照。

（3）Sergio Diaz-Briquets and Jorge F. Perez-Lopez, "The Special Period and the Environment", *Cuba in Transition,* vol.5, Association for the Study of the Study of the Cuban Economy, 1995.

（4）Jaime Kibben, *The Greening of Cuba*（Video）, Food First, 1996.

(5) 後藤政子「キューバは今」『神奈川大学評論ブックレット17』御茶の水書房、二〇〇一年。

(6) アメリカのラジオ局 National Public Radio の番組 "Living on Earth" で一九九四年一〇月二八日に放送された特集 'Organic Food Revolution in Cuba' による。〈http://www.loe.org/archives/941028.htm〉

(7) Richard Garfield and Sarah Santana, "The Impact of the Economic Crisis and the US Embargo on Health in Cuba", *American Journal of Public Health*, Jan. 1997.〈http://www.usaengage.org/news/9701 ajph.html〉

(8) 宮本信生『カストロ』中公新書、一九九六年。

(9) Harriet Beinfield, "Dreaming with Two Feet on the Ground: Acupuncture in Cuba", *Clinical Acupuncture and Oriental Medicine Journal*, June, 2001.〈http://www.globalexchange.org/campaigns/cuba/sustainable/caomj 0601.html〉

(10) Catherine Murphy, *Cultivating Havana: Urban Agriculture and Food Security in the Years of Crisis*, Food First, 1999.

(11) 前掲（6）。

(12) 前掲（1）。

(13) *World Resources 2000-2001*, World Resources Institute, 2001.（世界資源研究所『世界の資源と環境』日経BP社、二〇〇一年）

(14) 神というのはいささか過剰表現かもしれないが、革命前のキューバではハバナの繁栄をよそに農村は困窮していた。一九五三年の国勢調査では、農村での普及率は電気九・一%、水道二・三%、トイレ四五・九%、風呂九・五%となっている。農民たちは衛生施設も医療施設もないなかで、藁葺きの掘っ建て小屋に住み、寄生虫や伝染病に苦しんでいたのである。それが革命により一変した。農民たちは「カストロはキリストの再来だ」と言って涙を流して感謝したという(増田義郎『物語 ラテン・アメリカの歴史』中公新書、一九九八年、二四四ページ、参照)。

(15) 前掲(2)。

(16) 前掲(6)。

第2章

有機農業への転換

ミミズ堆肥でよく育っているバナナ

本章は、有機農業の基礎となる土づくりや病害虫・雑草防除の技術体系、そして畜産、米、野菜、サトウキビ、柑橘類とおもな作物ごとに、どのような有機農業が営まれているのか、現状を紹介した。かなり専門的な技術論にまで踏み込んでいるため、農業の基礎知識が乏しい読者には読み通すことがむずかしいかもしれない。その場合は、実践事例を紹介した第4章に目を通されてからもう一度読んでいただけると、わかりやすいだろう。

あえて詳しく論じたのには、わけがある。キューバの土壌は、長年の農薬と化学肥料の使用によって疲弊しきっていた。しかし、緑肥作物の利用や輪作・混作という一般的な方法に加えて、ミミズ堆肥や微生物をフル活用した微生物肥料の開発、トラクターから牛耕への転換など、他の国ぐにには例が少ない取組みにより、土の肥沃さをみごとに回復させたからである。

キューバの有機農業は、オーソドックスな技術をベースとしつつ、科学技術の発展や経済状況に応じた独自の試みのうえに成立しているのである。それは、キューバと同じく、有機農業には向かないとみなされがちなアジアモンスーン気候の日本にとって、学ぶべき点がきわめて大きいと考えられる。

1　キューバの土づくり

◆近代農業で荒廃した大地

「キューバでは、可耕地六七〇万haのうち三割以上は土壌中の有機物含有量が乏しく、一一％が深刻な土壌浸食を受けており、一五％では塩害が発生しています。加えて、二四％は大型トラクターの使用によって固く締まってしまっているのです」

一九九九年に土壌研究所を訪れたときのソーカ・ミランダ技術局副局長の発言である。

「七〇年ごろには、土壌中に有機物が三〜五％含まれていました。ところが、化学肥料や農薬を使いすぎたため、土がどんどん痩せてしまったんです。八〇年代後半には、土壌の有機物含有量が一〜二・五％にまで減ってしまいました」

熱帯農業基礎研究所のエリザベス・ペーニャ技師も土の劣化を憂い、その理由として、化学肥料漬けの近代農業を行い、十分な土壌保全対策を講じてこなかったことを指摘する。表3を見ていただきたい。農地の多くが、単独もしくは複合的な要因で疲弊していることがわかるだろう。

土壌の劣化は、経済危機が起こる以前から問題となってきた。その責任の一端はカストロが採択した近代化政策にある。六三年にカストロは檄を飛ばし、ダム建設を鼓舞した。

表3　土壌の劣化状況（単位：万 ha、%）

	面積	割合
塩害	100	14.9
浸食	290	43.3
湿害	270	40.3
養分不足	300	44.8
締め固まり	160	23.9
酸性化	170	25.4
有機物の欠乏	210	31.3

（出典）農業省資料（1996年）、環境省資料（1998年）より作成。

「この大地に落ちる一滴の水すら、海には流さない！　われわれは、一滴たりとも雨水を損失しない日に到達しなければならない！」[1]

キューバの気候は雨期と乾期に二分される。年間平均降水量は一三七五㎜だが、一一～四月の乾期には月に五〇㎜以下しか雨が降らない。そこで、年間を通じて安定した灌漑用水を確保するため、七〇～八〇年代にかけて国中でダムが築かれ、八九年には二〇〇ものダムが整備された。革命時には一六万ha以下であった灌漑面積は一〇〇万ha以上に増え、八二年には、ヨウ化銀を利用した人工雲づくりにも成功する。[2]

しかし、もともと水量が少ない河川にダムを建設したために乾期には水がなくなり、海岸線に沿った低地で地下水を過剰に汲み上げたために海水の浸入を招いた。無理な灌漑を進めた結果、ミランダ副局長が指摘するように全農地の一五％にあたる一〇〇万haが塩害を受けるようになってしまったのである。そのうち四〇万haは相当深刻で、とくに最東部のグアンタナモ州のカウト渓谷の被害がもっとも大きいという。

土壌浸食も塩害と同じく、乱開発によって生じた。コロンブスがキューバを発見した一五世紀末は、ほとんど全島がうっそうとした森林に覆われていたとされる。しかし、その後の四〇〇年に及ぶ植民地支配のなかで、スペインの宮殿や帆船の材料として森林は次々と切り倒された。一九〇二年の独立後も、サトウキビの加工燃料として破壊が加速されていく。五九年の革命時には、森林面積は国土のわずか一四%にまで激減していた。その後、カストロ政権は熱心な植林を行い、二〇〇二年には二〇%まで増えた(3)が、まだ完全に回復はしていない。

しかも、森林については復元努力を行ったものの、こと農地については生態系を活かしたアグロフォレストリー(4)ではなく、化学肥料と農薬に依存した大規模農業を進めてしまった。むき出しの土壌は、当然ながら強い雨にたたかれる。キューバの土壌はラテライトだから、乾燥するとカチカチに固まってしまうし、ソ連製の大型トラクターによる締め固めが、これに輪をかけた。雨は表面から染み込まず、溝をつくって土壌を押し流してしまう。結果として、全農地の半分近くが相当の土壌浸食の影響を受け、うち二五%は非常に深刻な状態にある。

要するに、経済危機の打撃を受ける以前から、農薬や化学肥料の集約的な利用と大型農業機械の活用により、大半の土壌が地力不足や有機物不足に陥っていた。こうした近代農業への反省が、有機農業へ転換するにあたっての農家や研究者の共通認識となっている。

◆効果的なミミズ堆肥

有機農業の基礎となるのが土づくりであることは、キューバも日本と変わらない。土づくりのうえでもっとも重要なのは堆肥である。都市ごみ、家畜糞、サトウキビの搾りカス(バガス)など、未利用の有機資源のほとんどが堆肥の原料として用いられている。日本で堆肥をつくる場合は、農業用フォークで積み上げた落ち葉や枯れ草の山を数回かき回して酸素を十分に供給する「切り返し」という作業が不可欠だ。ところが、温度と湿度が高いキューバでは、単に積んだままで三カ月も経てば自然に堆肥ができてしまう。九四年に堆肥生産量は七〇万トンに達した。

そして、キューバの堆肥づくりで何といってもユニークなのは、ミミズの活用だろう。土壌研究所の五カ所の実験場でミミズ堆肥づくりの研修が行われ、情報交換の全国会議も開かれている。「ミミズを利用して、団粒構造に富んだ、ミネラル分が豊富な良質の土をつくろう」という「ミミズ堆肥プラン」は八六年にスタートし、九二年までに全国で一七二カ所のミミズ堆肥センターが造られたという[5]。九一年の生産量は七万八〇〇〇トンで、その後、いったん二万五〇〇〇トン程度に落ち込んだが、いまでは年間八万トン以上がつくられている[6]。

「ミミズは六四年に初めて導入されましたが、ミミズを利用した土づくりが本格的に行われるようになったのは八六年からです。そして、都市の農園で活用されて大きな成果があがったことがきっかけとなり、いまでは全国的に奨励されています」

熱帯農業基礎研究所のミミズ堆肥の山の前で力説するのは、ペーニャ技師だ。彼女が力をこめて話すだけあって、ミミズ堆肥の効果はなかなかのものである。土壌研究所の分析数値によると、ミミズの腐植は二・三％の窒素、一・五％のリン、〇・七％のカリウム、六〇％の有機物を含んでいる[7]。成分的にも比較的安定し、施用すると五年間は効果が続く。通常の堆肥と比べて窒素の集積度

堆肥を見学する視察団。中央が金子さん、右がペーニャ技師(写真提供:金子美登氏)

が高いため、たとえばタバコの畑では、一haあたり四トンのミミズ堆肥を施用することで、牛糞四五トンに匹敵する効果があり、収量は三割以上も増えたという[8]。少ない量ですめば、それだけ輸送コストやエネルギー使用量の削減につながる。

いまではミミズ堆肥の技術はすっかり定着し、海外へも技術指導されている。筆者が参加した第四回有機農業国際会議でも、ミミズ堆肥分科会がもっとも盛況で、廊下にも立ち見客が並んでいた。この会議場で、ミミズ堆肥の専門家、土壌研究所のベルナルド・カレロ・マルティン調査局副局長と知り合った。

「二〇〇〇年には全国で八万五〇〇〇トンのミミズ堆肥を製造しました。ハバナ市内では、六〇〇kg入りの一パックを三ペソで販売しています。効果の素晴らしさを認識しているので、みんなが買っていくのです。ミミズ堆肥に興味があれば、

表４　ミミズ堆肥の使用量

作物名	使用量
食用バナナ	10（トン／ha）
ジャガイモ	5（トン／ha）
玉ネギ	4（トン／ha）
トマト	4（トン／ha）
トウガラシ	4（トン／ha）
サツマイモ	4（トン／ha）
タバコ	4（トン／ha）
ニンニク	4（トン／ha）
サトウキビ	2〜4（トン／ha）
野菜	0.4（kg／m²）
果樹	2.3（kg／1本）
家庭菜園	0.6（kg／m²）

（出典）Fernando Funes and Peter Rosset et al. eds., *Sustainable Agriculture and Resistance : Transforming Food Production in Cuba,* P 178, Food First, 2002 および土壌研究所のパンフレット Hums de Lombriz より作成。

ぜひ訪ねてください。ご案内いたします」

そこで、土壌研究所を訪れてみることにした。

◆自然の力を活かした堆肥づくり

ハバナ市の中心からインディペンデンシア通りを南に下って三〇分。市街地を抜けて畑や木立が増えてくると、畑に囲まれた明るいブルーの建物が見えてきた。六五年に設立された土壌研究所には、九七五人が勤務。土壌浸食局、作物栄養局、土壌地図局、調査局、技術局などからなる。この本所に働く二〇〇人以外は、現場で研究に従事しているという。青年の島を除く一四州（ハバナ市は州と同格）に一つずつ出先機関があるほか、五つの実験場と一三の土壌・水質・肥料の分析センターを備え、全国ベースで活発な研究活動を行っている。

経済危機後は、堆厩肥、緑肥、微生物肥料など有機農法での土づくりに研究テーマを全面転換した。たとえば、効果的な土壌管理を行うために進めているのが、二万五〇〇〇分の一の精度での全国の土壌地図だ。うち一〇%は、コンピュータ化されているという。

「どうです。各地域ごとに有機物含有量が不足しているのか、ミネラル分が欠乏しているのか、

pHが適切でないのか、一目瞭然でしょう。このように土壌改善の基礎となるデータが地域ごとに集積されているのです」

ミランダ副局長が、土壌地図や土壌断面図を指し示しながら熱心に説明してくれる。

こうした詳細な調査を行い、土壌の疲弊状況を定量的に把握したうえで、さまざまな地力改善策を打ち出す。とりわけ、亜熱帯条件下でのミミズ堆肥づくりでは先進的な技術を編み出し、ラテンアメリカ諸国への技術協力も行っている。

「自然の力だけを活かしています。化学肥料はまったく使っていません」

ベルナルド副局長は、ミミズ堆肥の上に生い茂るグァバやバナナの木を指さす。

「木の下でつくっているのは湿度を維持するためです。あのように育っているのも、ミミズの力なのです。ミミズ堆肥の養分だけで育ち、その他の肥料はいりません」

バナナの木の下に一列に並べられた堆肥の山に手を突っ込むと、たしかに湧き出すようにミミズが出てきた。

「年々、技術が向上しています。使用するのはアフリカ産のエウレニドス・エルフェルナスとカリフォルニア産のイセニア・フェディカ（日本名シマミミズ）、俗称アフリカとカリフォルニア・レッドです。この二つは数多い品種のなかでもっとも育てやすく、堆肥の生産にも優れているので、世界中でよく知られています」

カリフォルニア・レッドは一m^2あたり一万〜五万匹という高密度に耐えるので、堆肥づくりに向いている。一方、アフリカは高温や高湿度への耐性が弱く、うまく条件を整えないと、湿潤な亜熱帯気候下では働かない。だが、カリフォルニア・レッドよりタンパク質が多く含まれており、家畜飼料の添加剤にとくに役立つという(9)。

「コンクリート製の桶を使うと湿度管理が容易で、さらに多くのミミズを増殖できます」

ベルナルド副局長の後に続いて、試験ほ場の奥へ進む。木陰に牛糞が山積みされ、その手前に幅七〇㎝、長さ二・五ｍほどのコンクリート製の桶がところ狭しと十数個も並べられている。ここがミミズ堆肥製造場だという。堆肥を前に熱弁が続く。

「まず、サトウキビの製糖工場やオレンジジュースの加工工場で出た有機性廃棄物や牧場で出た牛糞を運び込み、この桶の中に入れます。廃棄物や牛糞を一〇㎝積んで、その中に一㎡あたり二〇〇〇〜二五〇〇〇匹のミミズを投入するのです」

国立研究所といっても、物資不足が続くキューバは質素である。この桶は、牛舎で使用していた飲用桶を再利用しているそうだ。

「ミミズはエサを求めて下から上がってきます。そして、光があたると下がる。この運動の繰り返しで肥やしになっていくのです。一〇日間ほど経ったら、また上に廃棄物や牛糞を一〇㎝加える。最終的には六〇㎝の高さになるまで積み上げます。三カ月で、一〇㎝ごとにだいたい四万匹まで増えるので、ここでミミズを別の桶に移していくのです」

ミミズは有機性廃棄物や牛糞を食べ、一㎡あたり二万匹以上に増殖し、二五〇〜三五〇㎏のミミズ腐植が毎年三回生産できる。増えたミミズそのものも、鶏や魚の飼料に使えるという。

「ミミズ堆肥は、どこが優れているのでしょうか」

「厩肥や有機物は生のまま入れると土壌への影響が大きい。それで、一度ミミズ堆肥にしてから、作物に施肥する方法をとっています。化学肥料は少量でも一時的に生産は増えます。たとえば、タバコやバナナで化学肥料を五〇使うとすれば、有機肥料の場合には八〇も投入しなければなりません。しかも、外国では化学肥料をどんどん使わせるように値下げをしていますから、短期的に見ると外から買ったほうが安いかもしれません」

ベルナルド副局長はちょっと話を区切って、こちらの目をじっと見た。そして、こう続ける。

「そう、一時的には楽です。でも、土が死んでしまいます。一種の麻薬のようなものです。有機肥料のほうが一〇倍も二〇倍もよい。なにより、自然を壊しません」

ミミズ堆肥は、キューバだけでなく、どこの国でも必要であり、とりわけ次世代のために重要であることを熱心に訴えた。

◆未利用有機物を有効利用し、低価格で生産

ミミズ職人のヘサス・ドミンゲスさんが、大きなホースを引っ張り出し、並べたコンクリート桶にジャバジャバと水をかけ始める。

「ミミズには湿度が必要です。キューバは雨期と乾期があるので、雨がないときの対策を考えな

ミミズ堆肥をつくる桶に水をかけるドミンゲスさん

ければなりません。人間は休みをとりますが、ミミズはバケーションをとらない。だから、水が涸れるときには水をやるのです」

ベルナルド副局長が、水をかける意味を補足してくれた。よく見ると、ホースの先には穴を空けたペットボトルが取り付けてある。

「ホースだけだと、うまく撒けないでしょう。どうするかみんなで相談し、考えたアイデアがこれなのですよ」とドミンゲスさんは笑う。物資が不足するなかでも、キューバ人たちはこうした創意工夫で補っている。

できた腐植土は、日陰で乾かす。ドミンゲスさんは乾燥させた堆肥を運んできて、滑車が付いた篩（ふるい）でガラガラとふるった。大きな塊は除かれて、小さく分解されたミミズ堆肥だけが下に溜まっていく。乾かす間にミミズはあらかじめ逃げているから、堆肥の中にはほとんど含まれていない。仮にいたとしても、〇・五％程度だという。

「以前は、私は機械工でした。いまはこの仕事に満足しているし、誇りをもっています。だって、人間にとってよいことじゃあないですか」

ドミンゲスさんはうれしそうに微笑みながら、篩をふるった。

「このようにして私たちは、ここで八六年から二〇〇〇年までに二万トンのミミズ堆肥をつくりました。立派ではありませんが、こうした生産所が各地に一七〇カ所以上あります。幸い農家は私たちがやっていることを理解してくれており、農家の期待を受けて全力投入しているわけです」

ベルナルド副局長はひととおり説明を終えると、「ところで、日本でもこのようにミミズ堆肥をつくっていますか。つくっているとすれば、どういうやり方をしているのでしょう」と逆に質問をぶつけてきた。そこで、日本の政府や研究所はキューバのように有機農業に全力で取り組んでいないこと、ミミズ堆肥はつくられてはいるものの、それはあくまでも民間の篤農家や個人が努力しているだけなのだという、日本の事情を説明した。

ベルナルド副局長は深くうなずき、国全体で有機農業を支援することの大切さを強調する。

「日本やアメリカなどの工業国は機械を使えますから、やる気になればもっとたくさんつくれるでしょう。私たちは手作業ですから生産量は少ないものの、きちんと管理できるという面ではよいと思います。また、国営だから低価格で生産できます。安い値段にして、ほしい人が必要なだけ買えるようにしているのです」

土壌研究所は、研究だけでなく、小規模ながらミミズ堆肥の生産施設を兼ね備え、製造した堆肥を袋詰めし、生産者へ直接販売している。ただし、ハバナ市郊外にあるから、市内の都市農家や市民農園で耕す市民が買いに来るのは大変だ。そこで、市の中心部にある「コンサルティング・ショップ」と呼ばれる農業資材店（一五五ページ参照）へ一五日ごとに配送している。一般市民はここでミミズ堆肥を手に入れられる。

なお、ミミズ自体は一般販売していない。ラファエル・アレマン技師がその理由を説明する。

「農業に関心をもち、ここまで直接買いに来る人には、売ります。一般販売していないのは、研究熱心な人でないとミミズを殺してしまうから。ミミズは貴重なので、ムダにしたくありません」

製造方法は原始的だが、販売システムはなかなかに合理的である。

◆生ごみもミミズで堆肥に

「ミミズ堆肥は、庭先でもつくれるのです。一般家庭で、小さな箱を用いてできるようにしています」とベルナルド副局長は、ミミズ堆肥のつくり方を説明した冊子をくれる。

「ここでは、一般の家庭向けに生ごみを堆肥化する研究も進めているわけです」

フランシスコ・マルティネス技師が、発泡スチロールの空き箱を取り出した。底にはたくさんの穴が空けてある。こんな廃材でも、ミミズとあわせて使えば生ごみ堆肥化装置として十分に機能するという。日本の大がかりな生ごみ処理施設と比べると、あきれるほどシンプルで原始的な方法だ。だが、そのバックグラウンドには、きちんとした実験研究の蓄積がある。

実は、キューバでミミズが広く注目を集めるにあたっては、一人のキー・パーソンがいた。惜しむらくは二〇〇〇年に自動車事故で急逝したが、八五年から精力的にミミズを使った堆肥開発に取り組んできたホルヘ・ラモン・クエバス氏である。世界中で六〇〇〇種類以上いるとされるミミズの品種ごとに実験を重ね、前述の二つを選び出したのも、クエバス氏の努力だったという。インターネット上には「ミミズ・ダイジェスト」というユニークなホームページがあり、そこでは「ハバナのミミズ男」として紹介されている[10]。

ホームページでクエバス氏は、「この研究に着手したときには、みんなから頭がおかしくなったと思われたものです」と述べている。だが、経済危機のなかで食料増産の切り札として、その研究が脚光を浴びることになったのだ。

ミミズを使って家庭の生ごみを処理する方法を考え出したのも、クエバス氏である。彼が開発した生ごみ処理装置は、二つの箱からなるシンプルなものだ。一つの箱（六〇×四〇×三〇㎝）には、あらかじめ一五〇〇匹のミミズを入れておく。そして、いっぱいになるまで残飯や紙屑をどんどん入れていけば、それらをエサとしてミミズは二万匹にまで増え、ミミズ堆肥が完成する。この箱の上に、底がすだれ式になったもう一つの箱を置き、残飯や紙屑を入れると、ミミズはすだれを通ってエサを食べに上がっていく。こうして、ミミズと完熟したミミズ堆肥が分離できる。

クエバス氏は、九八年に二つのレストランとホテル、そして一六九世帯の地区で生ごみ堆肥化のパイロット・プロジェクトを始めた。ベネズエラやペルーなどにもこの技術の指導に出かけた。ミミズ堆肥の啓発用に、環境をテーマに扱った『エントルノ』というテレビ番組が毎週放映されているが、これもかつては彼が司会を務めていたという。

気がつくと、すでにすっかり日も落ち、ヤシの木が黄昏のなかに黒いシルエットで浮かぶ。「では、私は帰りますから」と、ミミズ職人のドミンゲスさんが通勤用の自転車にまたがった。

「なにしろ、こいつはアメリカ製でね。革命前から使っている年代物なんでさ」

四〇年以上も修理を重ねたアメリカ製の古びた自転車はちゃんと動き、残光を背に浴びながら、ゆっくりと土壌研究所の坂を上っていく。その後ろ姿が小さくなるころ、別れを惜しむかのように、ひょいと片手が上がって、左右に激しく揺れ動いた。

◆微生物肥料の活用

いまではすっかり定着したミミズ堆肥だが、ベルナルド副局長は、有機農業へ転換するためにさまざまな研究を進めたことを強調する。

「化学肥料を以前の四分の一しか確保できなくなってしまったなかで、どう食料を増産するか。ミミズ堆肥だけでなく、豆科作物を混作したり、トラクターの代わりに牛で耕すなど、多くのやり方を工夫しました」

化学肥料の代替には、おもにバクテリアが活用されている。キューバが誇る微生物肥料の三本柱は、アゾトバクターやアセトバクターによる空気中の窒素固定、不溶性リン酸を作物が吸収できるようにするＶＡ菌根菌の利用、豆科作物へのリゾビウム菌の接種である。熱帯農業基礎研究所にある微生物肥料研究室を訪れ、ビーカーや酸素分圧計がセットされた培養器を前に、ベルナルド・ディブト・アルバレス博士の説明を聞いた。

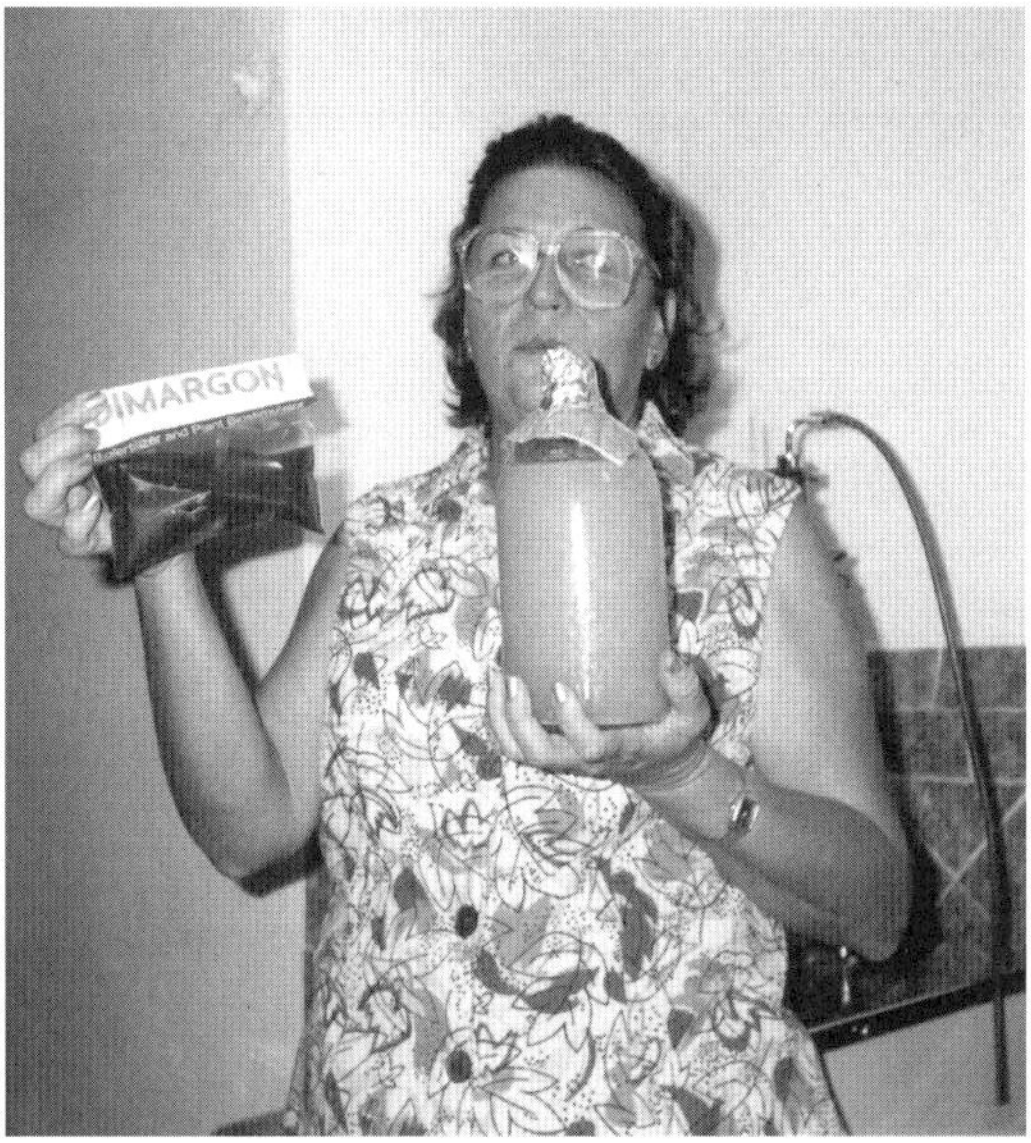

アゾトバクター溶液と、それからつくったバイオ肥料を説明する研究者（写真提供：金子美登氏）

「ここで研究しているバクテリアは、二〇世紀の初頭に発見され、広く知られていましたが、他の国では生産コストが高いために普及しなかったのです。キューバは八九年に増殖に成功しました。うまくいくと二二時間で一五〇〇ℓも産み出すことができ、メキシコやコロンビアなどでも見直されています」

ベルナルド博士が言うように、「土壌研究所は九一年の時点ですでに五〇〇万ℓのアゾトバクター溶液を生産していた」[11]。現在では製糖工場が培養センターに生まれ変わり、「ディマルゴン」という商品名で販売されているそうだ。海外への技術輸出も行われ、トルコやスペインでプラントを造る計画がある。

「こうしたバクテリアを使った微生物肥料は、どのような効き目があるのですか」

「まず、成育が早まるのです。一haあたり二〇ℓ散布すると、収量が二五%はアップします。そして、アゾトバクターは窒素を固定するだけでなく、ビタミンやホルモン、アミノ酸などを多量に供給し、落花を減らします」

アゾトバクターは土壌中に自然に生息しているが、一gあたり一〇〇〇～一万と少ない。人工的に一億まで増やすと、キャッサバ、トウモロコシ、野菜などの必要とする窒素量の半分程度をまかなえ、生育速度が育苗段階で七～一二日、ほ場では二〇日程度早まる[12]。

VA菌根菌は農業科学研究所で大量生産されている。日本でもよく知られるVA菌根菌は、作物から栄養分をもらう代わりに菌糸を出すことで作物の水分や養分の吸収を助ける菌だ。その研究は、九〇年代に入って森林生態学者を中心に進められてきた。生態学・分類学調査研究所は五〇種類以上を特定し、バナナ、柑橘類、コーヒー、パイナップルなどで大きな成果があがっている。たとえばバナナの苗に接種すると七割も大きくなり、灌水量を半分に減らせる。パイナップルは五割から倍近く大きく育ち、栽培期間を一五～三〇日短縮できる。米やコーヒーでも二〇～五〇%収量が増えるという成果が得られている[13]。

菌根菌には、作物のリンの吸収を助けるものもある。キューバの土壌にはリンが豊富に含まれるが、土壌中のアルミニウムや酸化鉄と強く結合しているため、通常は作物は吸収できない。ＶＡ菌根菌は、このリンを作物が吸収できるようにする。土壌研究所を中心に研究が進められ、最初の成果は九二年にハバナで開催された「国際バイオ肥料会議」で披露された。いまではスペイン語でリンを意味する「フォスホリーナ」という商品名で販売され、野菜、果樹、タバコ、サトウキビなどの生産に活用されている。一haあたり、原液を八ℓか二〜三倍に薄めた溶液を散布する。

こうした菌類は、複合的に使うと効果がより高い。たとえばアゾトバクターとＶＡ菌根菌を併用すると、キャッサバの収量が三〇％アップしたという。

ロゼット博士は『革命の緑化』で、「世界を見渡してもこうした国は例がない」と絶賛した。たしかに、微生物肥料利用の面では、キューバは群を抜いている。

また、サトウキビの搾りカスは五〇％以上の有機物を含むうえに、リン、カルシウム、窒素成分にも富み、優れた肥料になる。粘土質土壌のサトウキビは五年間、砂質土壌のものでも三年間は、化学肥料に代わる養分を供給してくれる。柑橘類に与えれば必要な窒素量の七〇％をまかなえ、化学肥料を加えなくても収量が倍になる。コーヒー、バナナ、野菜、米に与えた場合も、同様に良好な成果が得られている[14]。

◆化学肥料を削減する実験とゼオライトの活用

熱帯農業基礎研究所や農業科学研究所では、バクテリアを使った微生物肥料を与えることで窒素肥料の施肥量が化学肥料に比べてどれだけ削減でき、収量はどう変わるかの実験を行っている。その結果は次のとおりだ。

まずトマトでは、窒素肥料の施肥量は四〇％削減できた。そして、発芽が促進され、苗の生存率が三〇～四〇％増す。葉の量が二割増え、茎は四割太くなり、苗が三割大きくなる結果、移植時期は七～一〇日早められる。畑に植え付けてからも、実の数が三五％、収量が二五～四〇％増えた。

キャッサバの場合は、窒素の固定に加えて光合成量を増やす。化学肥料だけでは一haあたり三三トンしか穫れないが、アゾトバクターを併用すると半分の化学肥料で三五トンの収量があがる。サツマイモも同様で、二五トンが三一トンになる。バナナでは収量を減らさずに三割の窒素肥料が削減でき、トウモロコシ、米、野菜でも三〇～四〇％収量が増加し、柑橘類でも大きな成果があがった。

土壌研究所が行った、フォスホリーナを散布した場合の化学肥料の削減実験では、トマトではリン肥料をまったく使用しないでも収量が四割ほど増えた。また、タバコとサトウキビでは化学肥料を半分にしたところ、タバコでは三〇～五〇％収量が増え、サトウキビでは発芽率が高まり、収量は四割増え、かつ搾り液中のリン成分が四六％増えたという。

一方、土壌浸食が進んだり、地力が著しく低下した土壌の改善には、ゼオライトが活用されている。[15] ゼオライトとは、カルシウム、マグネシウム、カリウム、リンを豊富に含み、陽イオン交換容量が大きい鉱物で、土に混ぜると肥持ちをよくする。地域の土壌条件に応じて、単独だったり堆肥と組み合わせて用いられている。ビヤ・クララ州のある穀物企業では、一haあたり六トンのゼオライトを施用して、サツマイモの収量を一七トンから二〇トン、ニンニクは一・九トンから三・四トン、トマトは八・六トンから二一トンに増やした。

◆緑肥作物との混作・輪作

ミミズ堆肥や微生物肥料は土づくりに役立つが、量が十分ではない。堆肥の大量輸送も経費と時間がかかる。そこで、地力を高める手段としてもう一つの重要な柱となっているのが、豆科作物をはじめとする緑肥作物との混作や輪作だ。

畑で同じ作物ばかり栽培していると、同じミネラルが吸収されて土壌中の養分バランスが崩れたり、特定の作物種を好む病害虫が繁殖する。こうした連作障害を防ぐために、年ごとに違う作物を植え付けることを輪作という。一方、同じ畑にさまざまな作物を混ぜて植えるのが混作だ。もっとも一般的な組合せは、キャッサバやトウモロコシと、豆類、トマト、サツマイモ、カボチャなどの野菜である。ただし、まとめて一気に収穫できないので機械化に向かないというデメリットが混作にはある。

熱帯地方において、混作は持続可能農業の鍵である。豆科作物とともに植えれば根粒菌の作用で空気中の窒素を固定して土壌中の窒素分を増やし、地力を高める。また、サツマイモのように土を被覆する作物は強い日差しから地表を守り、土壌浸食を防ぎ、雑草をはえにくくする。家畜飼料と

表５　一般的な混作の組合せ

キャッサバ	トウモロコシ
	ツルナシインゲン
	トマト
	ササゲ
	トウモロコシとトマト
トウモロコシ	ピーナッツ
	豆類とカボチャ
	カボチャ
	カナバリア（ナタ豆）
サツマイモ	トウモロコシ
	ヒマワリ
バナナ	豆類
	ピーナッツ
	野菜類
タロイモ	トウモロコシ
コーヒー	日陰をつくる樹木
	ココナッツと食用バナナ
ココア	日陰をつくる樹木

（出典）Fernando Funes and Peter Rosset et al. eds., Sustainable Agriculture and Resistance : Transforming Food Production in Cuba, Food First, 2002.

しても有益である。

キューバでもサトウキビプランテーションが発達した一九世紀初めには、サトウキビ農場の近くに奴隷や農場労働者たちの自給用の農場があり、豆類、トマト、ピーナッツ、そしてバナナや果樹を混植する伝統的な農法が営まれていたという。混作や輪作は、日本やヨーロッパでも広く見られる。つまり、それらは特別な農法ではなく、土を疲弊させないように世界中の民族が工夫をこらしてきた農法なのである。

緑肥も二〇世紀初めにすでに使われていたが、化学肥料全盛期に忘れ去られていた。だが、八〇年代に研究が再開され、九二年からは農業科学研究所がキューバの風土に向いた緑肥作物の研究を始める。その結果、ナタ豆、クロタラリア、ビロード豆、ササゲ、大豆、ソルガム（アフリカ原産のイネ科の一年草。高温や乾燥に強く、飼料作物としてアフリカ、インド、中国などで古くから栽培されてきた。最近では、日本でも栽培されている）などが適していることがわかってきた。

クロタラリアはインド原産で、生育が早い。地表から五〇cm程度の高さで刈り取ると新芽が再生するので、何回も刈取りできる。センチュウの抑制効果があり、最近はハウスでの野菜栽培におけるセンチュウ対策にも各国で利用されている。土壌浸食が進んだ場所では、ソルガムが多く栽培されている。

たとえば、カボチャとクロタラリアやササゲの輪作は、収量を増す。輪作しない場合のカボチャの収量は一haあたり四トンだが、クロタラリアと組み合わせると窒素肥料を入れなくても一〇トン、ササゲでも六トン穫れる。以前は一haあたり一四〇kgの窒素肥料の施肥が推奨されていたが、輪作を行えば、六〇kgに減らしてもカボチャは一四トン以上の収量があげられるという。また、ジャガイモもナタ豆と輪作すると、必要窒素量の七五%を削減できる。

タロイモもササゲや大豆を混作すると、タロイモの畝の間でササゲや大豆が育つために雑草が抑えられ、水分蒸発が減るため、収量が五割も増す。このほか、大豆とサトウキビ、タバコとソルガム、野菜とビロード豆、エンドウ豆、大豆、ソルガムなど、混作の組合せはバラエティに富んでいる。一般的に、豆科との混作は作物が必要な窒素量を五〇～七〇%まかなえるから化学肥料の使用は減り、収量は増すため、一haあたり六二〇～一五〇〇ペソのコストダウンにつながるという。

加えて、混作や輪作は塩害にも有効だ。とくに、耐塩性の緑肥作物セスバニアは効果的である。セスバニアは窒素固定作物でもあり、一haあたり六〇～八〇kgの窒素を提供する。稲と組み合わせると、稲が必要とする窒素分の七五%をまかなえる。塩害対策に加えて肥料確保もでき、深く根が張ることで土の水はけや通気性をよくするのだから、まさに一石三鳥である。塩害は相当程度回復してきたが、土壌研究所では、アマランサスなど四〇種を超える耐塩性の作物を研究している。[16]

◆石油不足で復活した牛耕

九一年に開催された第五回農林業技術会議で、カストロは檄を飛ばした。

「われわれは何十万頭もの牛を飼育中だ。たとえ野菜のタンパク質で生きのびなければならないとしても、牛を食べることはできない。土地を耕すのに必要だからだ。牛は生産性を向上させる。牛耕はキューバ農業の本質であり、変革は一時的なものではなく、永続的なものだ。たとえ『スペシャル・ピリオド』が終焉したとしても、牛耕が終わることはないだろう[17]」

カストロが牛耕への転換を叫ばざるを得なくなった直接のきっかけは、石油不足でトラクターが自由に使えなくなったことだ。

革命政権は六〇年代なかば、ソ連をモデルとして国営農場や協同組合農場を中心に数多くのトラクターを輸入し、農業の機械化を推し進めていく。とりわけサトウキビに重点がおかれ、収穫作業の六五%以上、搬出作業の九八%が機械化された[18]。大型機械は広大な水田でも欠かせない。七〇年から九〇年の二〇年間に、トラクターの台数は一〇倍の八万五〇〇〇台に増えた。機械化農場には一〇〇〇haあたり平均二一台のトラクターがあり、面積あたりの台数ではアメリカに匹敵するほど。もちろん、ラテンアメリカでは最高だった。

ところが、農業の機械化は輸入石油を前提に成立していた。経済危機で石油や機械のスペア部品が欠乏すると、九一年末には早くも一二％が燃料不足で稼動できず、最終的には半分以上が動かなくなってしまったのである。ロゼット博士が九四年にビヤ・クララ州にある国営農場を訪れた折、農場長は次のように語っている。

「石油やタイヤなどの部品がなくなってしまい、牛しか選択肢がありませんでした。でも、結果として牛耕にはメリットがあることがわかったのです。以前は、雨期には二回しか作付けできませんでした。トラクターが泥の中にはまり込んでしまうので、耕作が一カ月以上できなかったんですが、牛にはその問題がありません。雨が降った翌日や雨の最中でも耕せます[19]」

やむなくスタートした牛耕ではあるが、土が固くならない、肥料源としての牛糞が得られるなどのメリットがあることも、わかってきた。結果として、一作あたりの収量は低いものの、年に何回も収穫できるから、年間収量では高くなったのである。とはいえ、転換がスムーズに進んだわけではない。その国営農場の従業員や技術者は誰一人として、牛耕をやったことがなかった。

「どうやって牛を引っ張り、耕したらよいのかを教えてもらうために、近くの村から老農をアドバイザーとして雇わなければなりませんでした。それにしても、こうした年寄りの連中が農業について実に多くを知っていて、まったく驚きでした[20]」

キューバの牛耕の歴史は古い。五〇〇年前に耕作用に牛が導入されて以来、家畜はずっと農耕の主役だった。九〇年には耕作用の牛の数は八〇年代の三分の一の一六万頭にまで減っていたが、牛耕は完全に滅びたわけではなく、小規模な協同組合農場や個人農家、品質を重視するため手作業が

残ったタバコ農場では、まだ使われていたのである。(21)

農業省と砂糖産業省は九二年に新しいプログラムを始め、「食用に牛を殺すことを止めよう」という全国繁殖キャンペーンをとおして、耕作用の牛を九七年には四〇万頭にまで復活させる。その後も、毎年三万頭ずつ増やす計画が続いている。整然と基盤整備されたほ場を耕していく牛の群。ハバナ市郊外で目にしたこの姿ほど、有機農業大国キューバを象徴する光景はないだろう。

牛耕の普及には、現場での訓練がなにより重要である。農業省、砂糖産業省、高等教育省、環境省が連携して、農家から農家へ直接技術を伝承するための実習が各地で実施された。たとえば農業省は、九七年だけで二三四四回のイベントを実施し、六万四〇〇〇人が参加したという。

◆牛を使いこなす脱サラ農民たち

ハバナ市中心部から車を飛ばして一時間。サン・アントニオ・デ・ロス・バーニョスという村で、脱サラで有機農業を始めた男性が牛を使った稲作を行っているというので、訪ねてみた。ヤシの木に囲まれたこぢんまりとした水田の上では、農薬のせいで日本ではめっきり少なくなったトンボが、いやというほど飛び回っている。さっそく、農園主のルイス・ロメロ・ガリドさんが牛に犂(すき)を取り付け、キューバ流の代かきを実演してくれるという。

「これは伝統的な鉄の犁なんですが、重くて少々使いづらいんです」

水田の脇の草むらに放置してある錆(さ)びた犁を手で持ち上げて、ルイスさんが言う。

牛を使って耕す農民たち

「ですから、いま使っているのが木製のこれです。ベトナムの農家が使っているものですが、まだキューバでは普及していません。どんな犁をどう使うのかも、私の研究テーマなのです。では、やりますか」

スコールのなか、鞭をあてたり、掛け声をかけて、二頭の牛をみごとに操り、自宅裏にある約五aの小さな一枚をきちんと代かきしてみせた。たしかに、牛耕は土砂降りの中でもできる。

「牛耕での有機農業は、大変ではないですか」

「もちろん、むずかしい面もあります。でも、牛糞は肥料になるし、害虫は無害なバイオ農薬で防げ、牛乳も搾れます。草取りは大変ですが、なにより家族が食べられるのが最高です」

「ルイスさんは、脱サラで農業を始めたそうですね」

「そうなんです。もともと私はエンジニアで、九一年までは研究所で技術者として働いていました。ところが、経済危機で交通事情が悪化して通勤が困難となり、この地に三〇年も住んでいたものですから、農民となる決心をしたのです。どこが水田に向いているかに精通していたし、トラクターの操作も大学で勉強していましたから、無理なく農業に入ることができました」

農業を始めるにあたって、ルイスさんは他の農家から新たに牛を購入した。二頭で三〇〇〇ペソもしたという。キューバの平均月収は一八〇ペソだから、相当に高い買い物だ。だが、二〇〇〇年には一〇aあたり五三五kgの米の収量をあげた。一月と夏の二期作とはいえ、国営農場の平均収量が一七〇kg、民間部門が二二〇kgだから、倍以上である。

「高収量をあげるポイントは、土づくり、水管理、作付時期の選定、肥料、そして種子ですね。大型機械を使った大規模水田では、こうしたきめ細かい管理をきちんとやれませんが、小規模ならうまくできます」

稲や土壌の研究がいまのテーマでもあるというルイスさんは、小規模経営のメリットを盛んに強調した。

牛は、水田だけでなく畑でも使われている。セグンド・ゴンサレスさんとオオエ・オルガさん（二七ページ参照）は、以前から所有していた自宅前の五〇aの畑に加えて、政府から新たに譲り受けた三haの荒れ地の開墾や耕作に、二頭の役牛を使っている。

「本格的に農業を行うためには、農地を広げなければなりません。幸い、キューバでは耕作地を増やせる制度があり、九八年に貸してもらいました。もちろん、国の土地ですから、畑としてきちんと使わなければ返さねばなりませんがね」

第3章で詳しく述べるが、キューバでは新たに農業を始める人のために土地を貸し出す制度がある。セグンドさん夫妻は、新たに借りたこの場所を九九年から開墾し始めた。生い茂った刺（とげ）のある雑木を一本ずつ抜いたり、捨てられていた鉄道の枕木などを運び出す、重労働だ。この開墾作業に牛が大活躍したのである。

「まさか細菌学者から牛飼いになるとは、夢にも思っていませんでした。でもね、人は必要に応じてなんとかやるものなんです。牛舎はないので、これから造ります。牛は農業に欠かせませんし、もし盗まれたら右腕を失うようなものです」

政府は牛肉の自由販売を認めていない。牛を盗むと三〇年の刑にあたり、盗んだ牛を購入した人も四年の刑が科せられる。牛は貴重品なのだ。

「ところで、牛はどうやって動かすか知っていますか。歩いているのを止めるときはね、『オッ』と呼びかけて、進めるときはこうやるんです」

セグンドさんは口をすぼめると、「ヒュッ」と口笛を吹いてみせた。

◆牛耕を支える技術開発

前述したように、キューバの土は乾燥するとカチカチに固まる。雨は表面から染み込まず、溝をつくって土を押し流す。日本では雑草を取り除くために耕起するが、キューバのような気候条件下では、耕起しないか、その度合を最小限度にとどめたほうが、土壌保全のために望ましい。

「機械は土に圧力をかけるんです。昔からやっていた方法で、質のよい作物はできます。機械を使うと、どうしても自然を破壊してしまいます。機械は壊れたら買い替えられますが、壊した自然を回復するには五〇年もかかるんです。自然とうまく付き合ったほうが、持続的な発展ができるのではないでしょうか」

セグンドさんは、牛耕の利点をこう表現した。研究者たちも、土壌保全上のメリットを強調する。研究によれば、牛耕と比べて大型機械の耕起は土に五〜八倍のダメージを与えるという。加えて、円盤プラウ（ディスクプラウとも呼ぶ。直径六〇〜八〇㎝の円盤を回転させて、土壌を切削、破砕、反転を行う）や溝切り機（作溝プラウ）は土を攪乱して傷める。しかも、雑草を細かく粉砕はするが、根の部分は土の中で生き残って再び芽を出し、むしろ雑草を増やすという逆効果もある。

農業機械研究所のエクトル・ボウサ所長は「機械耕作は土壌中の生物にダメージを与える」と指摘し[22]、土壌研究所のミランダ副局長も「トラクターを使用する場合には浅耕し、土壌の反転を行わないように指導しています」と語る。

両研究所の技術陣は、土壌を反転させず、水平に雑草の根を切断できるマルチプラウを新たに開発した。牛耕用に適した除草作業機（カルチベーター）、播種機、収穫機など一連の農機具生産も行われ、鍛冶屋の数は九〇年の五〇〇〇から九七年には二八〇〇と、五・六倍にも増えている。

大型機械の使用によって程度の差はあれ二五〇万haの農地が影響を受けていたが、こうした努力の結果、一〇〇万ha以上の農地が回復した。すでに土壌浸食が進んだ場所では、家畜に荷車をつないで土や有機物を運び込み、溝を埋める作業も行われている。伝統的な耕作方法が、経済危機のなかで復活したのだ(23)。

ただし、全体では牛の数はまだ足りない。サトウキビでは半分の農場で使われているが、それ以外の作物では、牛耕の七八％は、全農地の一五％を占めるにすぎないルイスさんのような個人農家(生産農家組合を含む)だ。八五％の農地を占める国営農場や新協同組合農場などで使われる牛の数は、二二％にすぎない(九七年)。

◆脱石油時代の農業モデル

機械から牛耕への転換は、果たして進歩なのか、それとも原初的な農業への退歩なのか。九七年春にキューバを視察した、アメリカの農業者や研究者二六名が導いた結論を紹介しよう。

「現在キューバで行われている農法は、自然に優しく、かつ、緊急的な食料需要に見合った最高の方法だ(24)」

もちろん、牛耕が永久に続くことを全員が望んでいるわけではない。経済危機下で生きのびるためのやむを得ない一時的な方法だという評価もある。事実、牛耕は多くの労働力を必要とし、労働効率の面だけから見れば機械の生産性のほうが高い。しかし、ルイスさんがベトナム製の木製の犁を利用しているように、単純に昔の耕作方法に戻るのではなく、どう牛を使えば望ましいかも検討されている。たとえば、牧草飼料調査研究所では、面積あたりの牛の数を増やすという近代農業的な発想ではなく、最適な牛の飼育数の研究をしていた。

日本では石油の輸入を前提に、農業の大規模化や大型ほ場整備が進められている。しかし、キューバのように石油の輸入が突然とだえたらどうなるのだろうか。全国の大型トラクターのほとんどは、鉄屑と化してしまうだろう。自然の流れを無視してポンプで水を汲み上げている大規模水田にも、水は来なくなってしまうだろう。キューバの牛耕への転換は、脱石油時代の持続可能農業という視点から見て、日本にも大きな課題を問いかけている。

2　病害虫・雑草との闘い

◆病害虫対策の司令塔・植物防疫研究所

亜熱帯のキューバは、八月から一〇月は平均気温が二八度を超え、害虫が繁殖しやすい。ミミズ堆肥や微生物肥料が化学肥料の代替となったように、輸入が大きく減った農薬に取って代わる手段が不可欠である。それが先進国でも注目されつつある総合的病虫害管理（IPM＝Integrated Pest Management）で、九一年時点で早くも農地の五六％で実施されていたという[25]。

いまでは、サトウキビ、コーヒー、牧草、サツマイモ、キャッサバは殺虫剤を使わずに生産されている。柑橘類、タバコ、バナナでも、殺虫剤はごくわずか使われているにすぎない[26]。米、トウモロコシ、豆、トマト、ジャガイモなどには、ある程度の化学農薬が使用されている。農業省のレオン国際局長によれば、ジャガイモは低湿地で多く作られ、害虫が出やすいという。それでも、殺虫剤と殺菌剤の輸入量は経済危機以前の約一万トンと比較すると九八年は四一二四トンと約四割にすぎず、しかも毎年減少し、二〇〇〇年は三二一三トンである[27]。

総合的病虫害管理の技術開発を中心となって進めている研究機関が、ハバナ市郊外ミラバルの閑静な住宅地内にある植物防疫研究所だ。旧個人住宅を改築した建物で、一見すると研究所には見えないが、生物学、細胞、バイオ農薬、化学汚染、農業の五部局をもち、全国にある出先機関を含めて二五七名の職員が勤務している。

「バイオ農薬は三つの工場を中心に各地のバイオ農薬生産センターで年間三〇〇〇トン生産されていますが、量的にはまだ十分ではありません。国内需要を満たすためには、さらに二六の工場が必要です」

フェルナンデス・ファミリオ副所長は、「まだ足りない」と発言するのだが、バイオ農薬の利用については、キューバはどの国よりも進んでいるといえるだろう。実際、この研究所には、ラテンアメリカ各地から病害虫防除技術を学ぶために農学者や研究員が訪れるという。

研究所は一連のバイオ農薬を開発し、「ビアザフ」というブランド名で販売し、二〇〇〇年からは輸出を行い始めた[28]。また、作物の病気を特定するための試験キット[29]も輸出用に生産されている。バイオ農薬は、将来的には医薬品と同じく、外貨の獲得源になっていくにちがいない。

総合的病虫害管理の中心を担うバイオ農薬は、天敵昆虫、土着菌、植物性エキスの三つに分類できる。それぞれを詳しく見ていくことにしよう。

◆天敵昆虫の大量飼育

自然界には、捕食したり寄生することで害虫を殺す天敵がおり、日本でも果樹栽培では比較的古くから利用されてきた。農薬取締法第二条では生物農薬も登録が必要だが、一九五一年にルビーアカヤドリコバチが初めて登録されて以来、多くの天敵が利用されている[30]。キューバでの天敵活用は、ヤドリバエ、タマゴヤドリコバチ（トリコグランマ）、食虫アリが中心をなす。害虫防除に役立つ寄生昆虫を大量生産しているセンターが各地にあるという。

ヤドリバエは、サトウキビシンクイムシの防除用として大規模に飼育され、サトウキビ畑に放たれている。

タマゴヤドリコバチは、キャッサバスズメガ、オオタバコガなど一般的な鱗翅（りんし）類（ガやチョウ）の防除に役立つ。多くの種類があり、地域ごとに防除対象となる害虫に寄生した卵から成虫を育て、より効力が高い遺伝資源の確保に努めている。寄生卵は空きビンに入れられ、快適な温度の下で培養される。ほぼ半分が孵化した段階で畑に置くと、成虫は害虫を求めて次々と畑の中へ飛び立っていく[31]。年間二〇兆匹も生産され、害虫に応じて一haあたり八〇〇〇〜三万匹放たれ、タバコ、トマト、キャッサバなどの防除に活用されている。他の国でも利用されているが、これほどの数を集中生産している国は少ないという。

サツマイモにつくアリモドキゾウムシ対策に食虫アリを用いる方法は、キューバが世界で初めて開発した。研究者たちは、その使い方を農民たちから学んだ。やり方は実にシンプルである。まずバナナの茎を切断し、砂糖やハチミツの液を塗りつけて、アリの群落がある場所に置く。アリはエサで引き寄せられ、群落をバナナの茎へと移す。移動を確認したら、サツマイモ畑へ運び込み、茎を太陽にさらす。アリは太陽熱を避けるために土の中に巣をつくり、アリモドキゾウムシの幼虫を食べる。きわめて原始的だが、生産コストが安く、防除効果は高い。

農業省は、この手法がとられている畑での化学農薬の散布を禁止したほどである。同様の手法は、バナナプランテーションでも用いられ、別の食虫アリがバナナゾウムシの防除に使われている。九九年には、アリによる防除の潜在力を啓発するため、八四七〇haでデモンストレーションが行われたという。

◆バクテリアを利用したバイオ農薬

人体には無害で害虫には病気を引き起こす、バクテリアやカビの利用も盛んである。バチルス菌、ボーベリア菌、バーティシリウム菌、トリコデルマ菌などが、大きな成果をあげている（表6）。

表6　バクテリアを利用したバイオ農薬とその利用

細菌名	培養方法と施用量	効果がある作物と害虫・病気
バチルス菌（細菌）	土着菌のなかから防除効果が高いものを集め、米をベースに、オレンジ、トマト、バナナの果汁を加えた静地培地で培養される。1haあたり 10^8〜10^9 の菌を施用する。	キャッサバのキャッサバスズメガ、キャベツ・大根などアブラナ科野菜類のコナガ、ツメクサガ、ウンモンクチバ、オオタバコガ、タバコのツメクサガなど
ボーベリア菌（糸状菌）	米のモミ殻に胞子を加えた静地培地で培養され、1 ha あたり 10^9 程度の胞子を施用する。	サトウキビのサトウキビカンシャシンクイハマキ、バナナのバショウゾウムシ、バナナゾウムシ、サツマイモのアリモドキゾウムシ、稲のイネミズゾウムシなど
黒きょう菌（糸状菌）	静地培地で生産される。	野菜類のバショウゾウムシ、ハチミツガ、クチバ類、コナガ、稲のイネミズゾウムシ、ナス・ピーマン・キュウリなど果菜類のミナミキイロアザミウマなど
バーティシリウム菌（糸状菌）	1 ha あたり 10^{11}〜10^{12} の胞子を施用する。	作物全般のコナジラミ
トリコデルマ菌	——	タバコ・トマト・コショウなどの萎縮病
ペジロマイセス菌	——	ジャガイモ・トマト・大豆などのネコブセンチュウやネグサレセンチュウ

（注）——は不明。

（出典）Peter Rosset and Medea Benjamin et al., eds., *The Greening of the Revolution : Cuba's Experiment with Organic Agriculture,* Ocean Press, 1994. p.40 などより作成。

バチルス菌は世界的に広く利用されてきた。日本でも七〇年代から培養されているほか、タバコの防除用にトリコデルマ菌が生物農薬として登録されている。多くの国では臭化メチルでタバコの害虫を防除しているが、臭化メチルはオゾン層を破壊することから、モントリオール議定書で二〇〇五年までに全廃が決まっている。キューバはトリコデルマ菌の利用で防除に成功し、九八年に臭化メチルの使用を禁止した[32]。

これらの菌が害虫防除にどう役立つのか、バーティシリウム菌を例にとって説明しておこう。バーティシリウム菌は一八六一年に発見されたカビで、果菜類、里イモ、豆類など広く作物に害を与えるコナジラミ、アブラムシ、柑橘類に害を与えるカイガラムシなどに寄生する。菌は土壌中に普通に産出し、人工的に菌を増やすと、胞子がコナジラミなどに取りつく。胞子は虫の体表で発芽を始め、七～一〇日後には体内に感染し、最終的には全身を真っ白なカビで覆い、死に至らせる。しかし、人間を含めて鳥類、魚類、ほ乳類にも作物にも、一切影響を与えない[33]。

冬は虫であったものが夏には草となるという意味から、「冬虫夏草」と名付けられ、よく使われている漢方薬がある。これも土中の昆虫に菌糸が寄生したものだ。バイオ農薬の製造は、人工的に害虫をカビに感染させる技術であるといえよう。

◆低価格でバイオ農薬を生産

バイオ農薬は、三つの農薬工場と全国各地にある二八〇のバイオ農薬生産センター（農業省と砂

図１　バイオ農薬生産センターのバイオ農薬生産量

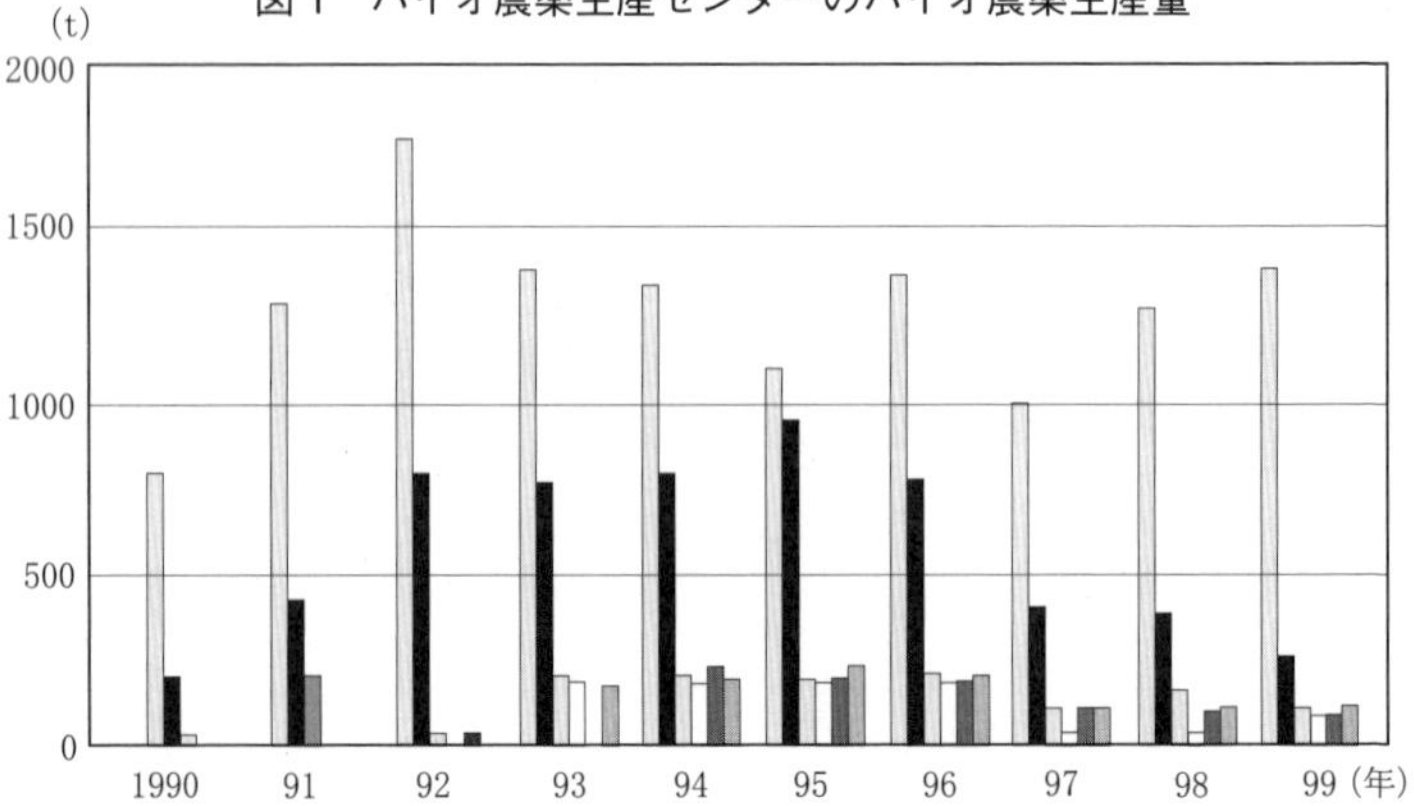

(注) □ バチルス菌、■ ボーベリア菌、□ バーティシリウム菌、□ 黒きょう菌、■ ペジロマイセス菌、■ トリコデルマ菌。
(出典) 表５に同じ

糖産業省の所管）で生産されている（二〇〇〇年現在、うち五三がサトウキビ用）。多くのセンターが建設されたのは経済危機後である。有機農業による害虫防除は国家の最重点プログラムとされ、政府は限られた予算をこれらの建設に投入。農業省が所管するセンターは、八八年の八二から、九〇年に一九六と二倍以上に増え、九九年には二二七になった。新技術開発のためのパイロット工場も設置されている。

家内工業的なバイオ農薬生産センターを各地に設けているのは、農家が必要とするバイオ農薬は基本的に地元での生産をめざしているからだ。技術は年々向上し、合計生産量は、九〇年の一〇〇五トンから九四年には二八四四トンに増えた。その後、生産量が減ったのは、菌の濃度を上げることに成功したためである（図1）。より少ないバイオ農薬で、多くの面積が防除できるようになったわけだ。

『革命の緑化』では、九二年にバイオ農薬生産センターの一つを訪れた調査団の感想が次のように報告されている。

「建物内には微生物の研究室と二〇の発酵タンクがあり、バチルス菌、ボーベリア菌、黒きょう菌、バーティシリウム菌、トリコデルマ菌を生産している。四名の大卒技術者、四名の中級技術者、七名の高卒技術者たちが働いていたが、いずれも地区の協同組合農場の子弟たちだった。農家の息子や娘たちが近代的なバイオテクノロジーの製品を、それも地域規模で生産している。われわれの知るかぎり、世界のどこを見渡してもこのような例はない[34]」

バイオ農薬生産センターは、地元の農家向けの生産を行う小さなハイテク工場であり、それを管理・運営するのはトレーニングを受けた農家の若者たちだというのである。調査団長のロゼット博士は、別の論文でもこんな感想をもらしている。

「バイオ農薬を活用した害虫管理はアメリカでも行われているが、研究内容が幅広く多様な点で、キューバは他のどの国よりも大きく進んでいる。しかも、農村の小さな組織をベースに、無害な微生物肥料やバイオ農薬を生産、配布している。バイオテクノロジーには数百万ドルのインフラ整備や専門的な科学者が必要だという神話を打ち壊し、資金が乏しい発展途上国でも取り組めることをキューバは実証していると言える[35]」

実際に、キューバの技術者たちは、メキシコやニカラグアやエクアドルなどでバイオ農薬生産センターを設置する手助けをしているという[36]。

しかも、モミ殻、バナナやオレンジの搾り汁、コーヒーやサトウキビの廃棄物などを使って菌を増やせるから、バイオ農薬は値段が安い。一〇kgの菌を生産するのに、バチルス菌は一・七ペソ、バーティシリウム菌は一〇・四ペソ、ボーベリア菌は一二・六ペソしかかからない。輸入化学農薬と価格を比較すると、六〇分の一の経費ですむという調査もある（一ドルを二〇ペソと換算）。いかに大きな外貨節約につながっているかがわかるだろう。

◆バイオ農薬生産センターを訪ねて

バイオ農薬生産センターの多くは、協同組合農場や国営農場に併設されている。農業専門学校（八〇ページ参照）にも設置され、生徒たちが畑を調査し、天敵バチを育てて畑に放ち、結果を観察しているケースもある。農村部だけでなく都市にも設置されている。

では、キューバが誇るバイオ農薬生産センターがどのようなものなのか、ハバナ市内でも大きいアラヨ・ナランホ地区のセンターを訪れてみた。国営農場の中ほどにある建物に入り、微生物専門技術者レーナ・マルティネスさんの話を聞く。

「ここは九〇年に造られた施設で、三名の研究者、二名の技師、そして数名のインターンが働いています。五種類のバイオ農薬を生産しており、その一つがこのバチルス菌です。こちらはタバコから抽出したニコチン、この青いカビのように見えるのは麦からつくるトリコデルマ菌、白い粉は米からつくるボーベリア菌、そして最後が黒きょう菌です。では、どうやってつくっているのかをご説明しましょう」

レーナさんに導かれるままに案内されたのが、空きビンや培地の殺菌室だ。たとえばボーベリア菌をつくる場合には、まず米のモミ殻を煮沸器に入れて雑菌を殺す。その上でモミ殻に少量の胞子を接種してビンの中に入れ、菌が全体に繁殖するのを待つ。菌がまわったら水を加えて混ぜ合わせ、それを濾（こ）すことで、菌だけが入った溶液ができる。これをサトウキビやバナナなどに散布すると、菌の胞子が殺虫剤として機能するのである[37]。

センターには、ボーベリア菌室、トリコデルマ菌室など菌ごとにいくつも貯蔵庫がある。薄暗い部屋の中に入ると、棚にはびっしりと何百ものビンが並べられていた。

「こうやって菌の種類ごとに五日とか一〇日とか寝かせて、繁殖させます」

最後に、出荷作業を行う大部屋に案内してもらう。完成したバイオ農薬をビニール袋に入れる作業を、若い女性のインターンたちが行っていた。なんと、袋の口はアルコールランプの火であぶって密封している。作業場には陽気なサルサのＢＧＭがガンガンに流れ、ペチャクチャとおしゃべりしながら作業しているのが、いかにもラテンっぽい。生産センターというよりも、家内工業の雰囲気だ。

経済危機でモノが不足しているため、機械や施設は旧式で、おんぼろである。だが、このセンターのおかげで有機農業の鍵となるバイオ農薬が確実に生産されている。将来を見通し、厳しい資金繰りのなかから先行投資して各地に建設した政府の英断は、みごとだったというしかない。レーナさんが言う。

「センターのように重要な場所では農業省と教育省が連携して、専門的な人材を育成しています。植物防疫研究所と密接な情報交換を行いながら新たな菌の開発に努め、よい菌ができれば直ちに導入します。私は専門学校を卒業してから、この道一筋で仕事してきました。いま一五年目で、九九年にスペシャリスタになりました」

キューバでは、専門家のことをスペシャリスタと呼ぶ。専門技術者を尊重する国民性もあいまって、出会った誰もがスペシャリスタであることを誇りにしている。レーナさんも「私はこの仕事に誇りをもっています」と、ミミズ職人ドミンゲスさんと同じく胸を張った。生き甲斐と自信をもって働く人と出会うのは、たとえ国は違っても楽しい。

◆使い道が多い天然殺虫剤ニーム

植物から抽出したエキスを利用したバイオ殺虫剤の開発にも積極的に取り組んでいる。植物エキスを利用した害虫管理の国家プロジェクトは九〇年に本格的に始まり、ニンニク、玉ネギ、マリーゴールド、タバコなど二五科、約四〇種の植物について効能が研究され、実用化されてきた。なかでも注目株がニームである。

インドが原産のニームは、中南米やカリブ海の島々にも自生する樹木で、抽出される成分が農薬の代わりとなる。種子に含まれている成分が虫の成長ホルモンと似ているため、その揮発成分の働きで虫が食欲を失って成長が衰えたり、飛べなくなったり、卵を産まなくなったりする。九八年ま

ニームの苗について説明するマリア・テレサ技師

でに三〇万本が植えられ、うち二五％が実をつけるまで成長し、九九年には二五〇〇トンが生産されたという[38]。

多種類の害虫に効き目があり、米、豆類、トウモロコシ、トウガラシ、ニンニク、ナス、トマト、玉ネギ、キャベツ、メロン、キュウリ、柑橘類、アボカド、タバコなどに幅広く用いられている。家畜につくダニ、シラミ、ハエの駆除、ウサギや豚の疥癬（かいせん）病（ダニの寄生によって起こる皮膚病）の防止にも効果がある。ニームを使った殺虫製品は液体や粉末など七種類あり、人体にも無害なためシャンプーや石けんにも使われている[39]。

熱帯農業基礎研究所のマリア・テレサ・ディアス技師の案内で、ニームの研究ほ場を訪れた。黒いビニールの育苗ポットに、植え付けられた苗が何百と並べてある。五〇㎝ほどに成育しているが、まだ種子を播いて五カ月だという。

「ニームは育てて三年目には実が結実します。五年目にはたくさんなり、一本の木で二〇～二五kgの実が採取できるのです。私たちは、すべての苗を愛情をこめて育てています。いまでこそ栽培用のビニールポットがありますが、以前は空き缶を使って育てていました」

ニームと同じく、ニームの近隣種であるパライッソも殺虫成分をもつ。しかし、ニームのほうが短時間で効率的に育つ。そして、剪定するとパライッソは上に伸びるが、ニームは枝が横に広がるため、実を集めやすい。さらに、パライッソはエキスを搾り出すのが大変だが、ニームは簡単である。こうした諸特性を比較検討した結果、いまではニームに重点がおかれている。

◆現場の声に耳を傾けて普及

もちろん、研究と同時に農家への啓発も不可欠である。熱帯農業基礎研究所ではニームの苗を全国に普及する一大キャンペーンを展開しており、すでに一〇〇万本を出荷したという。普及を図るため、農家向けに利用方法を解説したイラスト付のパンフレットと苗をセットで配布してきた。

ニームの使用方法は実に簡単だ（図2、以下の①～⑦は図の1～7に対応）。①実を集めて乾かし、②種子を取り出して、③皮のまま細かく砕いて使えば、④そのままバイオ農薬となる。⑤砕いて六～八時間おき、⑥細かい布でこせば、⑦殺虫剤として散布できる。

畑の隅に一本植えておけば、自家製のバイオ農薬がいつでも手に入るわけだ。子どもにでもつくれるだろう。だが、その背景には研究の積み重ねがあり、マリア技師は一朝一夕にはできないことを強調する。

「ニームの研究はソ連からの農薬輸入が大きく減ったため、急にスタートしたわけではありません。細々とではありますが、八二年から化学農薬に代わるバイオ農薬の研究をしていました。です

図２　ニームの利用方法の解説

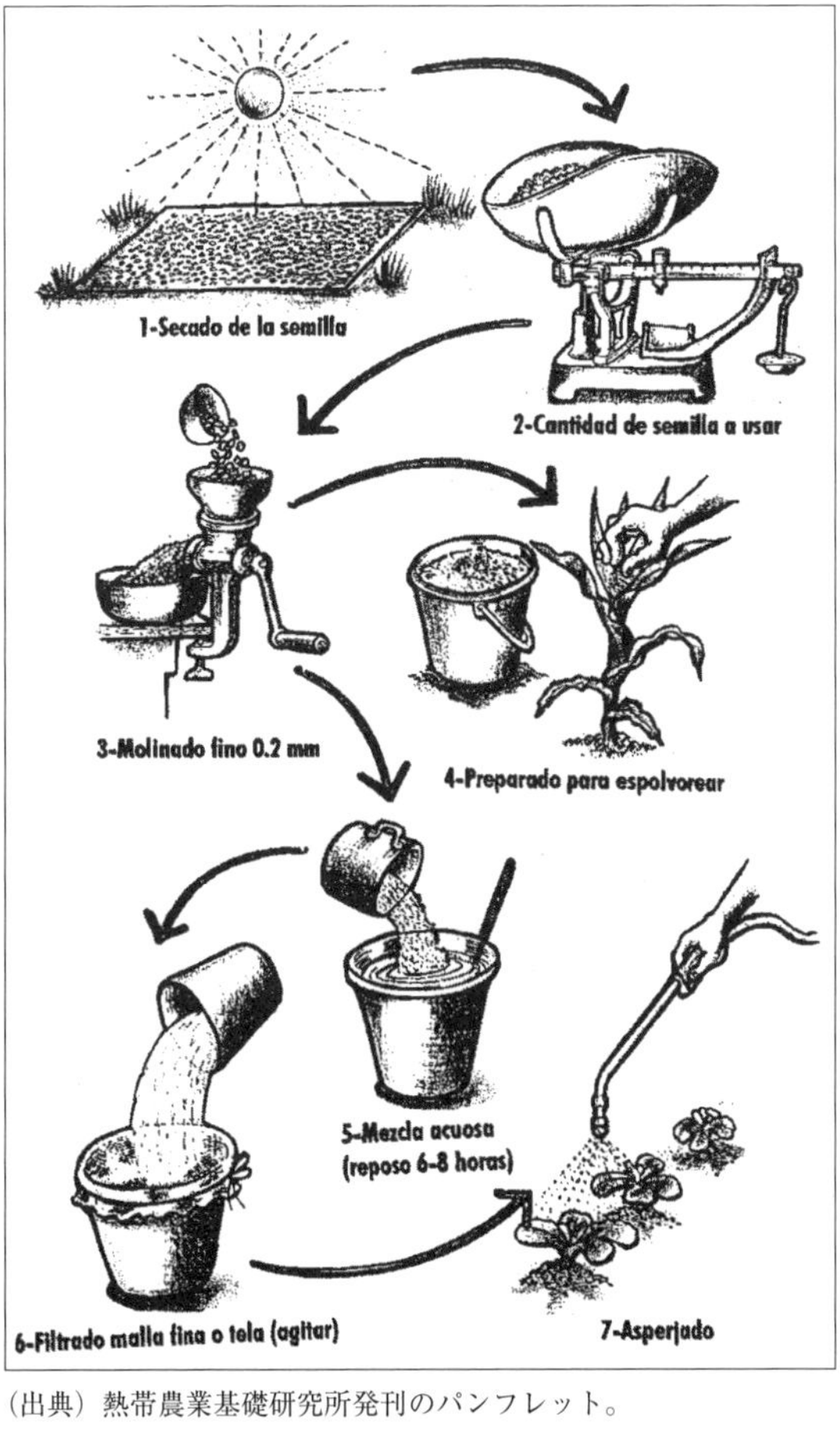

（出典）熱帯農業基礎研究所発刊のパンフレット。

から、私たちの努力が実ったとも言えます。研究は、地道に継続することに意味があるのです。たとえば……」と、マリア・テレサ技師は機械を指さした。

「これはニームの種子を砕くために、スペシャル・ピリオドの最中にドイツから買ったものです。当時はお金がなくて非常に苦しかったけれど、研究を進めるために買いました。また、ニームの効能は古くから知られ、田舎では、ニームを植えておけば虫よけになり、蚊もいなくなると言われてきました。ですから、ニームさえあれば防除対策は十分だと農家は考えがちです。しかし、その他のバイオ農薬も必要だということをわかってもらう必要があります」

「土着菌であれ、ニームであれ、バイオ農薬は簡単に使えますが、即効性はありません。効果が出るまでに時間がかかります。そこで、全国に設置されている農業専門学校に足を運んでもらい、実験と教育とをいっしょに行って、普及しているのです」(マリア・サーヤス技師)

農業専門学校は、若者への農業専門教育や農家への新技術のトレーニングを行うための学校である。九〇年には五五校しかなかったが、経済危機のなかで拡充され、現在では一四三校ある。うち、一一一が農業、一七が畜産、一五が農業工学である。毎年四万人以上が入学し、卒業生は農業関係の仕事に就いたり、さらに大学の農学部に入学して研鑽を積む。地域に開かれ、農家の教育にも貢献している。

「各地の農民と対話しながら技術を進めることが大切だというわけですね」

「そうです。現場で働く人たちの生の声は、研究者にとっても非常に有効です。まず現場に出かけて農家の話に耳を傾け、現場のノウハウをつかまねばなりません。そのうえで、よくないところがあれば指導していくのです。化学薬品は個人で生産できませんが、ニームを使った殺虫剤ならば一人でもつくれます。自分の育てた木で害虫が退治できるのですから、最高です。大切なのは、地方の農家でも使いこなせる技術を開発し、安全な食べ物を作っていくことです」

そう言ってマリア・テレサ技師は微笑んだ。彼女たちの研究は、キューバだけでなく、他の国の人びとにとっても大きな意味をもつ。空きビンやモミ殻など地域で得られる資源を利用して運営されているバイオ農薬生産センターを含め、どの地域でも実現可能で、そして農家が簡単に使いこなせる技術を開発すること。これがキューバの有機農業技術の基本にある考え方なのである。

◆混作で害虫を防ぐ

経済危機は、すでにふれたように伝統的な混作・輪作に再び目を向けさせた。トウモロコシのハスモンヨトウなどの被害は豆類と組み合わせると小さくなるし、ニンジンとキャベツの混作も効果的である。ニンジンは匂いが強いため防虫効果があり、コナガによるキャベツの被害を減らす。キャベツとソルガムとゴマの混作も、天敵と害虫とのバランスを保ち、アブラムシやコナガの防除につながるという[40]。

混作が害虫防除にどう役立っているのか、ハバナ市内にある農場「六〇番街第五オルガノポニコ」を訪れてみよう（オルガノポニコについては一〇七ページ参照）。案内してくれたのは、技術主任のウィルフレド・ペレス・アビラさんである。

「この農場は国営で、九四年にできました。荒れ地を開墾して農場にしたのです。四人が働き、三三種類の野菜を育てています。また、市民がどう土を耕し、どう育てれば野菜がうまくできるのかを学ぶモデル農場としての役割も果たしています」

トマトの間にレタスが植えてある。

「トマトとレタスを混ぜると、害虫が寄ってきません。トマトをめがけて害虫が飛んでくると、レタスで錯覚を起こすからです。トマトの苗は小さいとき害虫にやられやすいので、こうしてレタスといっしょに植えています。湿度が高いキューバではトマトを育てるのがむずかしいために、とくに気をつけています。混作の効果は、カリフラワーとレタスの組合せではより高いですね」

野菜の間に、ヒマワリやトウモロコシも混ぜて植えられている。

「このヒマワリは、黄色を好む害虫を集める効果があります。トウモロコシも同じ役割で、集まった害虫をトウモロコシに住む益虫が食べてしまうのです」

「どんな虫が益虫で、どんな虫が害虫なのですか」

そう質問すると、アビラ主任は渡したノートに本も見ずに、さらさらと害虫名を書いてくれた。キューバの農業指導員の実力のほどが感じられる。

混作や輪作は、全国的に実施されている。サンティアゴ・デ・クーバ市の郊外にあるモノアドア協同組合農場でエリファイ・サンチェス農場長に聞いたときも、同じ答えが返ってきた。

軟弱野菜とヒマワリの混作は効果的だ

「インゲンの間にトウモロコシが植えてありますね。どんな意味があるんですか」

「トウモロコシを混ぜて植えると、害虫がそちらに集まってインゲンには寄りつきません。もちろん、輪作もしています。ビーツとトマトを植えた後に、レタス、そしてインゲンを植えるのです。私たちの経験や国の研究所からの支援を受けて、工夫しています」

防除のための工夫は輪作にとどまらず、フェロモン・トラップの利用や不妊性のオスの大量放出（不妊化したオスと交尾しても卵は孵化しない。正常なオスとメスの交尾を減らして次世代を少なくする）も行われている。害虫を粘着性の物質で覆った黄色の板に引きつけて、閉じ込めてしまう工夫もあれば、ビールを入れた皿にナメクジを引きつけて、塩で溶かしてしまうトラップもある(41)。

◆混作・輪作による雑草防除

混作・輪作は、害虫防除だけでなく雑草対策上のメリットもある。除草剤が十分に手に入らなくなれば、新たな雑草防除の方法を開発しなければならない。

雑草防除も害虫の総合防除と同じく、モニタリングからスタートした。雑草群落はどの程度の密度なのか。作物と雑草はどれだけ競合するのか。休眠（数カ月間、発芽しない状態）している種子の活性がどの程度あるのか。雑草が成長すると収量がどれほど落ちるのか。これらのデータを蓄積し、考案された対策が、六四ページでふれた水平に雑草の根を切断できるマルチプラウによる耕起と、混作・輪作である。

たとえば、キャッサバと豆類を混作すると雑草を七〇％まで減らせるし、大豆を育てる際にトウモロコシを混作するとトウモロコシによって日陰ができ、背の低い雑草を遮光できる。また、サツマイモのような被覆性の作物を作付けることで、ジョンソングラスのような多年生の雑草が抑えられる。さらに、ハマスゲ（カヤツリグサ科）、オショウヨモギ、ナツシロギクなど雑草の種類に応じた輪作体系が、以下のように詳細に立てられている。

①一年草、ジョンソングラスのような多年生雑草

サツマイモ→ジャガイモ→豆類→ジャガイモ

②ハマスゲ

サツマイモ→ジャガイモ→サツマイモ→ジャガイモ

トウモロコシ→ジャガイモ→サツマイモ→豆類
トウモロコシ→豆科飼料作物→サツマイモ→豆類
トウモロコシ→豆類→サツマイモ→ジャガイモ
ソルガム→豆科飼料作物→サツマイモ→豆類
③オショウヨモギやナツシロギクなど双葉性の雑草
トウモロコシかソルガム→ジャガイモ→トウモロコシ→ソルガム

「雑草のモニタリングと科学的に計画された輪作体系を広範囲で実施している点で、キューバはどの国よりも進んでいる」と『革命の緑化』では評価している。

なお、除草剤はいまでも使われている。しかし、輸入量は経済危機以前の一万七〇〇〇トン程度から、九八年に七一七一トン、二〇〇〇年には五八五八トンと、約一〇年間で三分の一にまで減った[42]。

3　循環型畜産への挑戦

◆近代畜産路線の崩壊

経済危機で影響を被ったのは、農業だけではない。畜産部門も大打撃を受けた。経済危機以前、タンパク質や脂肪など栄養分に富む穀物・油カスなどの濃厚飼料を中心に年間二〇〇万トン近く輸入してきたが、九二年には四五万五〇〇〇トンにまで落ち、配合飼料やサイレージがほとんど供給できなくなる。[43]家畜は配合飼料向けに改良された近代品種だったため、大きな影響を受けた。非公式な数値だが、八九年に五七〇万頭いた牛は二五〇万頭に半減したともいわれている。搾乳牛は五〇万頭前後と数こそあまり変わらなかったものの、一頭あたりの年間乳量は九六年に一二五二kgと、九〇年より六〇〇kgも減った。[44]しかも、牛はトラクターの代わりに働くことになる。

当然、牛肉や牛乳の生産量は急落した。九三年の牛乳生産量は三三万トンで、以前の三分の一にまで低下する。とりわけ、近代化が進んでいたハバナ州の打撃が大きく、三二万トンから六万トンと五分の一以下に減った。加えて、旧ソ連や東ヨーロッパから輸入していた粉ミルクも手に入らなくなる。チーズ、バター、ヨーグルトといった乳製品も入手できない。さらに、鶏も輸入飼料で育てられていたため、卵の配給も大幅に減った。

革命後のキューバが推進したのは、酪農の近代化である。カストロは品種改良や人工授精に強い関心があり、交配による乳量の増加をめざした。牛乳生産量は、六一年の三五万トンから七九年には一〇〇万トンに上昇。その後も、九〇年までは一〇〇万トン台が維持された。[45]八〇年代には、道路、電気、潅漑施設を完備した三一〇〇もの近代的な牧場が整備されていたのである。

とはいえ、一頭あたりの乳量は当時も多くはなかった。ふつう乳牛は、遺伝能力的には日量二〇kg、牧草を中心に育てても八～一二kg、つまり年間二九〇〇～四四〇〇kgの牛乳が得られるはずだ。キューバでは飼料用の牧草を新たに導入し、一〇〇万ha以上で作付けたが、管理が不適切で、五年ともたなかった。乳量は最高でも日量六・三kg、年間二三〇〇kg程度で、一カロリーの牛乳を得るために、五・七カロリーが必要だったという。結局、国内需要約三〇〇万トンの三〇%程度しか満たせず、東ドイツから年間二万三〇〇〇トンもの粉ミルクを輸入し、二〇〇万トンのミルクを製造してきた[46]。

養豚も近代化による生産増加に力を注いだ。早くも六一年には、品種改良のためカナダから三〇〇〇頭の母豚が輸入される。豚の頭数は九一年には二八〇万頭と、三〇年間で二・五倍になった。養豚研究所のペドロ・ドミンゲス・ガルデ副所長は、増産時代のことを次のように語る。

「七二年に設立された養豚研究所の主眼は、なによりも増産でした。当時は在来種しかいませんでしたから、デュロック、ハンプシャー、ランドレースを導入しました。交配センターを造って品種改良を進め、輸入した大量の小麦で豚を育てたのです」

酪農と同じく、輸入飼料に依存した近代化路線を歩んできたのである。

「問題は、この技術が旧ソ連という冷涼な気候条件の国のものだったことなのです」とドミンゲス副所長が後悔するように、輸入飼料が不足するなか九四年には、豚肉の生産量は九〇〜九二年の二年間で約一〇万トンから四万七〇〇〇トンに半減した。

キューバが推進した畜産の近代化は、持続可能ではなかったのである。

◆有畜複合経営・自給飼料への転換

配合飼料やサイレージなど輸入飼料に依存していた近代的な畜産が立ち行かなくなって、抜本的な生産改革に手をつけた。牧草利用への転換、農場内での飼料自給、子牛への母乳の授乳、各農場での繁殖、大規模国営農場の小規模民営化などが総合的に進められていく。

幸い、持続可能な畜産に向けての研究は八〇年代から行われてきた。安い飼料が輸入されていたために、あくまで実験研究にすぎなかったものの、サトウキビ、コーヒー、ココア、ココナッツなどの作物残渣を飼料としたり、リゾビウム菌などの微生物を用いて牧草の収量を高める研究が進められていたのである。牧草飼料調査研究所のフェルナンド・フネス博士は、「以前に実施されていた研究結果を活かして、農業省は小規模でより自給的な畜産へのシフトを行った。いまでは、さらに農業と家畜の多様化と総合化が進行している。こうした試みが実施されなければ、経済危機の影響はさらに大きくなっていただろう」と述べている[47]。

キューバには、二万五〇〇〇人もの会員をかかえる畜産生産協会という民間団体（七四年に設立）がある。輸入飼料作物への依存を減らすために、地元産の穀類や豆科植物の種子保存に取り組むなど、有機畜産と加工の普及活動を全国規模で展開している。ハバナ市内の事務所を訪ね、エリオ・ペロン・ミラバルさんに話を聞いた。

「畜産生産協会は九三年から国際機関とも連携し、集約的な近代畜産を有機的な方法に変えるべく改革を始めました。キューバではレウカエナ（ギンネム）というタンパク質成分が多い飼料作物を植えてきましたが、乾期があるため、年間を通じては育ちません。そこで、乾期にはサトウキビに似た草を植え、それを刈って牛に食べさせています。また、柑橘類からジュースを搾ったカス、豆類の残りや米ヌカなど収穫物の残渣を利用して、牛や豚のエサをつくろうと試みています。微生物の利用、サトウキビを加えてエサにする研究も進みました。協会は、各種研究所と農家とのコーディネーターであり、技術の橋渡し役です。研究所が開発した成果を活かし、各農家が自分でエサを作る運動を進めてきました」

ハバナ州やマタンサス州などでは柑橘類の廃棄物を飼料にしているし、稲作が盛んなピナール・デル・リオ州やサンクティ・スピリトゥス州などは稲ワラを食べさせている。最近はイギリス人から桑を牛の飼料に活用する技術が紹介され、研究が始まった。

マタンサス州の牧草飼料試験場と果樹公社では、果樹園に馬を放牧する実験を行っている。その結果、オレンジにダメージを与えずに雑草が減り、年間二一九ペソの除草人件費、燃料費、除草剤代が削減できた。加えて、馬は二トンの有機物をリサイクルし、窒素、リン、カリウム、カルシウムをそれぞれ四〇、四二、一二、五一kg供給する。馬を入れずにオレンジだけを栽培した場合と比べ、三八八ペソの利益をもたらすという（数字はいずれも一haあたり）。

また、牧草飼料調査研究所は九四年から、総合的な有畜複合農業の研究に取り組んでいる。全部を放牧地にせず、果樹園や野菜畑と組み合わせ、そこで作られた作物を家畜の飼料にする研究を、土壌や気候条件の異なる九農場で実施したのである。牧草にどれだけ割り振ればよいか、七五%、六〇％、五〇％、二五％と組合せを変え、農場ごとに作物の収量、堆肥の生産量、乳量、労働時間、エネルギー効率を数年にわたって詳細に調べた。

その結果、七五％を牧草、二五％を果樹園や野菜畑に割り振ったケースでは、二年後に両者を合わせた総生産量は一haあたり四・四〜五・一トンに増え、エネルギー効率が倍増した。管理に要する労働時間は、二年目まで一日に一〇〜一三時間だったのが、三年目以降は五時間程度しかかかっていない。そして、総生産量は一haあたり最高九・七トンにまで増加し、うち牛乳生産量は一・五トンだったという(48)。キューバの牧草地は約二六〇万haあるから、理論的には輸入飼料に頼らなくても三九〇万トンの牛乳を生産できることになる。持続可能な酪農に向けての研究は着々と進展しているのである。

◆牛乳に代わる豆乳製品

牛乳生産は九三年を最低として徐々に回復していき、二〇〇〇年には六一・四万トンになった。しかし、必要量が満たせないことには変わりない。キューバでは革命の成果として、毎日一ℓの牛乳を一四歳以下の子ども、老人、妊婦に無料で提供してきた。しかし、配給年齢を九四年には七歳、九五年なかばには三歳半にまで引き下げなければならなくなる。子どもたちのために牛乳に代わる良質なタンパク質を提供したいと政府や研究者たちが取り組んだのは、豆乳ヨーグルトの開発だった(49)。

技術者とエンジニア、食物科学者によるプロジェクトチームが九四年春に編成され、一年以内に三〇の酪農工場を改築し、豆乳ヨーグルトの生産工場へと転換させた。九七年までには、さらに一〇の工場を転換した[50]。いまでは七〜一四歳の子どもたちに、週に二kgの豆乳ヨーグルトを提供できるようになり、豆乳アイスクリームや豆乳チーズも製造されている。チームのメンバーたちは、世界でも有数の大豆加工専門家になった。このプロジェクトを指揮したのが、キューバ有機農業協会の創設者の一人で、熱帯農業基礎研究所の副所長トム・ガズム・デ・ヘルナンデス博士だ。彼は、次のように論じている。

「私の大豆農業の将来モデルは、大豆工場の近くに、有機農業で大豆を生産する数多くの小規模な農場を創設することである[51]」

大豆食品工場を稼働させるには、一つの工場で毎年一万トンの大豆が必要だが、現在そのほとんどは輸入されている。技術者たちによれば、土壌や気候に適した品種を開発し、国内生産量を増やせば、生産コストを七五%に引き下げられるという。それを受けて、大豆加工産業を支えるための大豆生産が奨励されている。アメリカのグローバル・エクスチェンジはじめ海外のNGOも、情報、技術、資金を提供して生産支援に動き出したという。

◆輸入飼料頼りの牛肉から残飯利用の豚肉へ

キューバ人たちは肉が好きだ。経済危機以前には一人あたり年間、牛肉一三・三kg、鶏肉一二・

三kg、豚肉八・一kgを食べ、カロリーベースでは二割以上を肉から得ていた。だが、九二〜九六年の平均値では、それぞれ七・四kg、八・三kg、六・七kgと三分の二になり、カロリーシェア率も一五%に低下した。ちなみに、発展途上国の平均は一一%、先進国では二七%である。九八年に肉から得たのは三〇九キロカロリーで、これはコスタリカの四七二キロカロリーやジャマイカの四六六キロカロリーなど中米諸国と比較してもはるかに低い[52]。

とりわけ落ち込みが大きいのが、牛肉である。いまでは、パラダールと呼ばれる国の許可を得た個人経営のレストランでしか食べられないし、特別な税金も払わなければならない。

経済危機以降もっとも力を注いでいるのは養豚だ。それも、都市の生ごみやサトウキビの搾りカスなどの廃棄物を活用した残飯養豚である。土壌研究所のミランダ技術局副局長も、「都市から排出される生ごみはミミズを利用してコンポストにもされていますが、一般的には豚のエサとして活用しています」と語っていた。

「現場をご案内しましょう」と言われ、養豚研究所のドミンゲス副所長の案内で、近くで残飯養豚を行っているエルネスト・ゴンサレスさんの農場を訪れた。ハバナ市の郊外約三〇キロに位置し、肥育豚五〇頭に加えて、ホルスタインとキューバの在来種の乳牛一六頭、鶏一二〇羽、ウサギ二五羽、さらに一五haでトウモロコシ、豆、里イモ、カボチャ、キャッサバを栽培する、有畜複合経営農家である。

「キューバでは、国の決まりでホテル、レストラン、学校、病院から出た残飯はすべてリサイクルしています。特別な工場で残飯を液化し、一二〇度で煮沸した後に、サトウキビから採った蜜を混ぜて、エサにするのです。私は、豚一頭につき毎日一㎏を買っています」(ゴンサレスさん)

キューバでは、ホテル、レストラン、学校、病院から出される残飯、砂糖・コーヒーの加工場や食品工場からの廃棄物、牧場・養豚場・養鶏場から出る糞尿、漁業廃棄物、屠殺場の死体まで、それこそありとあらゆる有機廃棄物が回収され、再利用されている。いかに経済危機下にあるとはいえ、その徹底ぶりはすさまじい。宿泊していたホテル・コパカバーナにも早朝から車が乗り付け、何事かと思ったが、それは残飯回収車だった。車を動かす石油そのものが乏しいのに、まったくよくやるものだと感心させられる。

ここまでのリサイクルが行われる背景には、先進諸国とは大きく異なる経済状況がある。モノが乏しいから、役に立つ資源であれば、それこそバナナの皮から歯みがきのキャップに至るまで再利用されているという[53]。ムダになるものはほとんどない。ハバナ市の町中で月一回開かれる農産市をのぞいたときは、切り落としたパイナップルの葉を集めていた。聞いてみると堆肥の原料にするという。街路樹の下で落ち葉や草を袋に詰めているおじさんもいる。やはりリサイクルするのだ。

有機廃棄物を収集するシステムは全国で確立され、トラックで組織的に輸送されている。飼料製造プラントに送られた廃棄物は、衛生上の危険性がないように選別・破砕・殺菌され、サトウキビの糖蜜と混ぜ合わせ、処理プラントに隣接した養豚場にパイプラインで送られる。技術者たちが設計・開発した一三〇度、二気圧で熱処理する圧力釜の容量は、一・五トンと五・五トンの二タイプ

自慢のバイオガス発生装置を紹介するゴンサレスさん

だ。いずれも、振動を加えることで残飯から家畜の死体まで処理できる。しかも、脱水処理法とは異なり、燃料油を節約でき、設備コストも安くてすむという。

こうした処理を経てつくられた飼料は、分析結果では一八〜二二%のタンパク質や六〜一二%の天然繊維を含み、輸入トウモロコシや大豆に代わって飼料不足解消の助けになっている(54)。

◆豚糞利用のバイオガスエネルギー

ゴンサレスさんの農場では、バイオガス発酵装置を用いた家畜糞尿の再利用も行っている。「以前は薪を燃料にしていましたが、いまは毎日一七㎥のガスが得られます」と、台所で夫人がコンロに火をつけ実演してくれた。異臭はなく、火力も強い。一日一人あたりの平均ガス消費量は〇・五㎥だから、十分な量である。

幅一・四ｍ、深さ一・三ｍの溝を掘り、黒ビニール製の円形の筒を埋め込む。筒の中に糞尿を流し込むと、発酵槽として機能する。標準の長さは一五ｍだが、処理量に応じて先に伸ばせば容量調整は自由にできる。こうした処理装置は約四〇〇基普及しており、さらに性能をアップした新タイプも約二〇基設置されているという。

ちなみに、バイオガスは畜産生産協会や教会組織も推進しており、カマグェイ州では、カマグェイ大学農学部が進めている。国内最大のプラントは、キューバ教会委員会「デカプ」を通じてプロテスタント系ＮＧＯ「ブレッド・フォー・ザ・ワールド」が資金寄付を行い、九二年にシエゴ・デ・アビラ州に建設されたもので、家畜糞が原料だ。バイオガスを通じて三〇もの発展途上国で援助を行ってきた専門家、ヘインツ・ピーター・マング氏は、「バイオガス理論にかけては、キューバはもっとも進んだ国といえる」と高く評価している(55)。

◆ゼロ・エミッションを体現する豚糞リサイクル

養豚研究所の研究のメインは現在、最終的に廃棄物ゼロをめざした国連開発計画（ＵＮＤＰ）のプロジェクトである。再びドミンゲス副所長の話に戻ろう。

「エサ、品種改良、人工授精、予防接種、豚糞リサイクルという五つの分野の研究を行っています。このうち私たちがもっとも関心をもっているのがリサイクルです。豚糞はバイオガス発酵装置で処理され、次に固液分離されます。固体はミミズによって堆肥化し、液体は液肥として農業に利用したり、ホテイアオイなどの水耕栽培へ用いたり、養殖に使っているのです」

汚水で水生植物を育て、それを豚や鶏、魚の飼料にする。養殖池と組み合わせたこのユニークなシステムについては、アメリカのラジオ局の取材班がピナール・デル・リオ州にある施設を取材した番組の内容がインターネット上で見られる。その要旨を紹介しよう。[56]

「大きな鉄製の施設。ベルトコンベアーとサイロがあります。ここはキューバの技術で建てられた最初の製糖工場です。ところが、そこからはアヒルの鳴き声がします。これは、経済危機に対応して工場が行った技術的なイノベーションで、砂糖ではなく肉を生産しているのです。池ではたくさんの魚が養殖され、何十ものアヒルや豚の飼育小屋もあります。そして、工場で働く四五〇名の工員たちに十分な肉や魚を提供しているのです。技術者アントニオ・バルディさんは、システムのそれぞれの部分が他の部分をお互いに助け合っていると指摘します。

豚は、工場からのサトウキビ廃棄物と豚糞の中で育つタンパク質が豊富なハエの幼虫などで育てられ、糞は養殖池にも投入されて藻を発生させます。魚は糞と藻の両方を食べ、アヒルは池からエサをもらいます。こうした循環が達成されることで、池の水はサトウキビ畑の灌漑に使えるように浄化されるのです。ここではさまざまな種が共生しており、周囲の環境を汚染しません」

残飯は豚の飼料となり、豚の糞と尿はミミズ堆肥やバイオガスに利用され、最終的には廃棄物をゼロにする。まさに国連大学が提唱するゼロ・エミッションばりの構想といえるだろう。

◆都市で鶏やウサギを飼育

循環型畜産に転換したとはいえ、牛乳も牛肉も経済危機以前の水準には回復していない。いずれも生産量は半分程度にすぎない。その最大の理由は、旧ソ連からの援助に長年依存し続け、気候風土にふさわしくない育種を進め、輸入飼料に依存する畜産システムをつくりあげてしまったためだ。ある協同組合農場の技師は、こう語る。

「養豚の大きな問題は、いまだにエサの多くを輸入の小麦、大豆、ヒマワリに頼っていることです。これから農場に大豆を植えようと思ってます」

そこで、都市で市民たちが自前で卵や肉を手に入れようと、庭先養鶏やウサギ飼育が盛んになっている。飼料不足で鶏が減ったとき、政府は各家庭が残飯、野菜クズ、草などで鶏を飼育するように、雛を配った[57]。一〇羽の雌と一羽の雄が希望者に配られたのだ。一日に一〇〇gのエサを与えると、年間に二〇〇個は卵を産む。アヒルは七～八週間で三kgに育つ[58]。畜産生産協会のミラバルさんの話を再び聞いてみよう。

「協会は各家庭での生産にも力を入れています。都市農業が始まり、ウサギを飼う運動を進めたのです。それはハバナ市で始まり、他の都市にも広がっていきます。そこで、ウサギをはじめ家畜を飼っている人たちを集めて、地区ごとに牧畜クラブを組織化しました。もっとよい品種を入れようなどとクラブで議論するわけです。新たに飼いたい人のためには、各州ごとに優良なウサギを販売するセンターを設けました。ミミズを飼い、堆肥もつくっています。また、数多くの国際会議も開催してきました」

畜産生産協会は九〇年代に入って、ヨーロッパやカナダなど多くのNGOと共同プロジェクトを実施している。経済危機に端を発した庭先養鶏やウサギの飼育は、世界に広まろうとしているのである。

4 広まる小規模有機稲作運動

◆国営農場による大規模稲作からの転換

黒豆といっしょに米を炊き上げたコングリは、キューバ人が好む料理の一つだ。米はキューバ人にとっても主食である。年間平均消費量は一人あたり約五〇kg（白米換算）だが、農家はその倍以上は食べるという（日本の九九年の消費量は六五kg）。

キューバの稲作は一六〇〇年ごろまでさかのぼる。サトウキビプランテーションの労働力として西アフリカから連れて来られた奴隷たちが、稲作技術を持ち込んだ。本格的に生産され出すのは二〇世紀に入ってからである。革命後は、農業生産計画のなかに組み込まれていく。六九年には稲作研究所が設立され、灌漑施設の整備や品種改良など増産に向けて力が注がれた。八〇年代なかばの生産量は約四〇万トンになる。それでも需要六〇万トンの七割程度にすぎず、不足分はベトナムなどから輸入されていた。

稲作の現状はどうなっているのか、ハバナ市郊外にある稲作研究所で〇一年に話を聞いた。対応してくれたのは、ルイス・リベロ・ランデイロ作物生産部長とミゲル・ソコロ・ケサダ博士である。

「スペシャル・ピリオド以前には、一五万ha程度の作付をしていました。一農場の平均規模は二万五〇〇〇ha、一枚のほ場は幅三〇〇〜四〇〇m、長さ一〇〇〇m。つまり、三〇〜四〇haを一単位としたほ場が数百も集まって一つの企業体をなしていたのです。そうした大規模生産には、いまも農薬、除草剤、化学肥料を使用しています。きめ細かい管理ができないからです」

キューバの水田農業は、ほとんどが大規模な国営農場で行われてきた。大型機械が導入され、飛行場を備え、播種や除草剤、化学肥料を散布するのは飛行機だった。だが、三九ページでふれたように、大型機械を使用すれば土が固く締まって水の浸透性が悪くなる。根の張りも悪く、深くは伸びない。かなりの肥料を施しながら、収量は低く、一〇aあたり約二三〇kgと日本の五三二kgの四三%しか穫れなかったという。

そのうえ、輸入肥料と農薬が不足すると、作付面積・収量ともに大きく落ち込む。九三年の作付面積は約六・五万ha、生産量は約一二万トンと以前の三割にまで減り、国内消費量の二〇%しか満たせなくなってしまう。現在も国営農場の一〇aあたり収量は一七〇kg程度で、以前の水準まで回復していない(59)。

◆生産量でも大規模機械化水田に匹敵

「すると、国内生産量は大幅に落ちてしまったのですか」

「いいえ、スペシャル・ピリオド以前よりむしろ生産量は増えました。というのは、国営農場での生産量が落ちる一方で、小規模農家が米作りを始め、全体では一二万haが新たに耕作されたからです。小規模農家の多くは有機農業ですが、国営農場より収量が高い場合もあります。稲作研究所はこうした小規模農家の相談にも応じています」

経済危機の前には存在していなかった民間部門が新たに一〇万haもの稲作を始め、そのほとんどが国営農場とは異なり有機農業であるという。つまり、稲作も半分近くが有機農業で営まれていることになる。

スペシャル・ピリオド以降、「カルティボ・ポプラール（人民耕作）」と呼ばれる有機稲作運動が急速に広まった。政府は、この草の根運動を強力に推進していく。

「苦しい時期でしたから、とにかく食べ物を作ろういうインセンティブはあったのです。そして、いざ米作りを始めてみると、それは大きな力になりました。そこで、個人農家がもっと生産できるように、政府も強力にバックアップを始めたんです」

「たとえば、どのように支援しているのですか」

「一つは流通改革です。政府は、一人一カ月二・七kg、年間三二・四kgの米を個人に配給しています。でも、キューバ人は年間五〇kgは食べますから、配給だけでは足りません。自由市場で買う

ルイスさんの無農薬水田には日本ではめっきり減ったトンボが飛びかっていた

ことになります。米の政府買入価格は一kg〇・五五ペソですが、自由市場では八～九ペソで売れます。つまり、作れば家族の自給につながり、高い値段で売れるという二つの点で、米は重要なのです。また、きちんと生産することを条件に土地を無料で貸与しました。米が余るほどの状態に早くしたいからです」

とりわけ西部と中部で九二～九三年にかけて、生産は急速に進展する。たとえばピナール・デル・リオ州では約一万六〇〇〇ha作付され、大規模で高収量の水田が多いという。そして、政府が一度閉鎖した農民自由市場（直売所）を九三年に再びオープンさせると（詳しくは一六四ページ参照）、さらに広まった。直売所での高価格が、生産意欲をかき立てたのである。ルイスさん（六〇ページ参照）がハバナ市郊外で耕作している水田はわずか五〇aだが、こう語る。

「収穫した米は自家消費と国に納めた残りは直売し、五％は学校へ寄付しています。これは義務ではありませんが、自分の意志でやっています。それでもエンジニアのときの月収三〇〇ペソと比べ、いまは米だけで九〇〇ペソも稼いでいるんです」

ルイスさんは小規模農家で、労働力も少ないから、自分で米を出荷・販売する余力はない。しかし、近所の農家が直売所への販売を肩代わりしてくれるという。かつて日本では「三反百姓」というのは貧困を象徴する言葉だった。一方キューバでは、五〇a（五反）の経営規模で、平均月収の五倍もの所得が稼げている。食料危機下で米の値段が高いことが魅力となり、ルイスさんのように新たに稲作を始める農家が次々と誕生したのである。

国が進める有機稲作プログラムは、全国一律ではない。地形や気候条件は州ごとに異なるし、進展の度合いは地区によってさまざまだ。農地の斡旋や地区自給計画の責任は人民評議会（コンセホ・ポプラール）に委ねている。コミュニティレベルに委せたほうが、うまく調整が図れるからである。

二〇〇〇年には、国営農場の生産量約八万六〇〇〇トンを上回る一七万三〇〇〇トンを小規模農家が生産したという。小規模有機稲作は、大規模水田農場以上の生産力をもっているのだ。同年の生産量は協同組合農場を含めて三八万七〇〇〇トン、作付面積は二三万haである。

◆さまざまな有機稲作技術の開発

有機稲作は、人力を基本とする伝統的な農法で行われている。それを支援するため、農業省は九六年に稲作研究所と連携し、環境を破壊せずに生産する適正技術の開発に乗り出した。

第一は乾期にも適した品種の開発である。一二～四月の乾期にも灌漑ができる水田は、二〇％にすぎない。四〇％は五～八月の雨量が多い時期だけ灌漑がされている。だが、残りの四〇％は灌漑設備がなく、雨期の天水に依存している。人民耕作の約四割が、これに該当する。とくにラス・トゥナス州やオルギン州などの東部地域は山地が多く、天水だけで栽培されている。このため、乾期に灌漑設備がない地域で栽培できる品種の開発が進められている。

第二は田植えの普及である。キューバの大規模水田では、アメリカやオーストラリアなどと同じく直播きが行われていた。だが、除草剤が必要となるし、大量の化学肥料を使っても収量はあがらない。田植えを行う場合は、苗代で苗を育ててから植える分、除草剤の使用量が減らせるし、二期作もできる。ピナール・デル・リオ州はじめ西部各州では、苗代・田植え方式が広まっているという。

第三は緑肥の利用である。稲作研究所は五七ページで述べたセスバニアの導入を研究している。一haあたり八〇kgの窒素を空中固定するセスバニアは、カリウムやリンを土中に提供するのにも役立つし、深く根を張るから通気性のよい土にもなる。

第四はバイオ農薬の活用である。たとえばイネミズゾウムシに対して、黒きょう菌が使用されている。クズ米を培地に培養し、大規模農場でも培養液を飛行機や機械で散布している。メイチュウにはバチルス菌が使われる。バイオ農薬の使用量が多いカマグェイ州では、一万haの水田で使われているという(60)。

そして、日本で普及し始めたアイガモ農法も試みられている。ヒルベルト・レオン協同組合農場（第4章参照）の技師フロベルト・カバジェロ・グランデさんに、アイガモ農法を紹介したところ、こんな疑問をぶつけられた。

「ちょうど、私たちも田んぼでアヒルを飼う話をしているところです。たしかにアヒルを使う農法は優れているし、除草や糞からの窒素分供給は十分でしょう。ただ、カリウム分が不足しませんか。日本では、そのあたりをどうクリアしているのでしょうか」

キューバはベトナムと交流があり、アヒル農法を学んだという。アイガモ農法の第一人者・古野隆雄さん（福岡県）はベトナムへも技術交流を行っているが、地球を半周してキューバにも伝わっていたのである。

なお、古野さんによると、たしかに化学肥料の施肥基準と比較すると、アイガモから供給されるカリウム分は一〇％でしかないという。しかし、土壌中の養分を調べてみると肥料分は十分に満たされているし、無肥料で一〇aあたり五〇〇kgがコンスタントに穫れているという。

稲作研究所は有機稲作を普及するため、トレーニング・コースも設けている。九七年と九八年には三〇〇人以上の農業者と一二人の農業技術者がコースを修了した。その内容は次のようなものだ。

①稲作に適した土地の選択方法、②灌漑設備と排水システムの建設計画、③苗の移植、収量を最

大にする作付時期、④地域環境に最適な品種、⑤用水の適正な利用、⑥化学肥料や除草剤の削減、⑦損失を最小にする収穫方法。

「政府は八〇年代に、二〇〇〇年には米問題を解決するというプランをつくりましたが、達成前に経済危機を迎えてしまいました。九九年は三一万トン輸入しましたが、二〇〇五年ごろには一〇〇％の自給を達成すべく日々努力しています」

ルイス部長はそう力強く結んだ。

5　化学水耕栽培から有機野菜へ

◆自然の物質を使った水耕栽培

キューバでは野菜作りも近代農業で行われてきた。六〇年代に大量の化学薬品とゼオライトを用いた水耕栽培技術が導入され、七〇〜八〇年代にかけて大いに進展したという。サンティアゴ・デ・クーバ市の郊外にある水耕栽培農場を訪れてみた。

野菜農場といっても、普通の畑とはいささか様子が違う。コンクリートの土管を半分に割った台が見渡すかぎり何百も並べてあるのだ。土管には土の代わりに中ほどまで砂利が敷かれ、キュウリの苗が植えられていた。広さ二三haで、一三〇人が働いているという。キューバの農場にはたいてい、農作業を技術面で支援する技術者やマネージャーがいる。ここでは、女性技術者の話を聞く。

「こうしたやり方はハイドロポニコと呼んでいます。六八年ごろから、全国的に盛んになりました。サンティアゴ・デ・クーバ州では七〇年代になって広まり、いまは二一カ所でやられています。水に養分を溶かして栄養を供給しますが、その水が乾燥しにくいようにシステムが改善されました。以前は、輸入化学肥料を溶かして溶液に入れていたのですが、スペシャル・ピリオドで手に入らなくなり、国内で得られる肥料で作るようにしました。カルシウムやマグネシウムは石灰岩から取り、窒素はサトウキビから抽出した尿素を使っています。すべて自然にあるものを利用するのです。どうやって溶液を入れるのか、お見せしましょう」

体格のいい青年が、ハイドロポニコの中ほどに置いてあるポンプのスイッチを入れる。茶褐色の溶液がボコボコと音を立てて流れ出し、コンクリート製の容器を半分ぐらい満たした。盛んに「ケミコ」という言葉が飛び交うので、化学肥料を用いた水耕栽培かと勘違いしていたのだが、実はそうではない。キューバでは、純然たる堆肥だけを用いた栽培を「オルガニコ＝有機」と呼び、たとえ自然の石灰岩や尿素であっても化学物質を用いる場合には「ケミコ」と称するらしい。

「あれもケミコです」と指さす先を眺めると、遠くの畑で、青年が動力噴霧器を背負って散布している。

「タバコからニコチン成分を抽出して薄め、散布しているのです。でも、害虫の発生とか、状態があまりにひどいときしかやりません。虫を殺すと、生態系のバランスが壊れてしまうからです」

言うことはよく理解できるが、説明がなければ近代農業と勘違いされそうな風景だ[61]。

「このハイドロポニコのメリットは、どんなところにあるのですか」

「まず、台が高いから腰をかがめなくてすみ、作業しやすいこと。次に、土を使う場合はキュウリの収穫まで四五日程度かかりますが、三七〜三八日と栽培期間を短縮できることです。トマトやインゲンでもやっています」

◆街中に農地をつくり出すオルガノポニコ

経済危機で、輸入してきた水耕栽培用の栄養液が手に入らなくなった農民たちは、ハイドロポニコの土台からコンテナを取りはずし、栄養液の代わりに堆肥を入れて、溶液供給用のパイプは水やり用に再利用した。これをオルガノポニコと呼んでいる。写真（3章扉）を見ればわかるように、コンクリートのブロック、石、ベニヤ板、金属片で囲いを造り、その中に堆肥や厩肥を混ぜた土を入れる。そして、カンテロと呼ばれる苗床で、集約的に生鮮野菜を作付けする技術である。

第1章で登場したセグンドさん夫妻をはじめ多くの農家は、都市農業を始めるにあたって、都市特有の問題をかかえていた。土地の多くは、コンクリートで覆われていたり、ガラスや瓦礫が散乱していたり、砕くことがほとんど不可能なほど極端に固まっていたりしたのだ。こうした耕作不適地をどう畑にするのかという問題の解決に、オルガノポニコは役立った。この方法ならば、以前に駐車場やごみ捨て場だったところでも農業が始められる。土がまったくない場所で新たに農地をつくり出すイノベーションはみごとな成功をおさめ、都市農業に欠かせないものとなる。オルガノポニコといえば都市農業を指すほど普及し、野菜栽培に活用されている。

石油が不足し、流通事情が悪いなかで、鮮度が重視される野菜類は都市部で作ったほうが効率的である。日本でも野菜生産は都市近郊で盛んだが、キューバも変わらない。それにしても、日本では駐車場になっているようなビルの谷間のちょっとした空き地でも野菜が作られていることには、驚かされる。熱帯農業基礎研究所で、有機野菜の研究をしているペーニャ技師の話を聞いた。

「私たちは有機野菜や都市農業を研究しています。都市農業とは、各州の中心部から五㎞以内、各市の中心市街地から三㎞以内で行われている農業のことを指しています。郊外では、ごくわずかの化学肥料や農薬を使っている農地もありますが、都市農業はすべて有機農業です」

◆有機農法で軟弱野菜を集約栽培

では、オルガノポニコではどんな栽培が行われているのか。生産方法を簡単に紹介しよう。[62]

まず、囲んだコンテナの中に、サトウキビの搾りカスなどを原料につくった堆肥や厩肥を、土とほぼ同じ割合で混ぜ合わせて入れ込む。堆肥の原料は農村から運んでくるが、厩肥の一部は市内でも得られる。石油不足のためにトラクターを牛、バスやトラックを馬車で代用したことが、市街地での厩肥生産につながったのである。もちろん、収穫後の作物残渣もムダにはせず、堆肥にしてリサイクルされている。堆肥は、だいたい半年ごとに交換され、それが高収量と年間を通じた生産を可能にする。たとえばレタスは約二五日で育つ。収穫後に天地返しを行って、必要に応じて堆肥を加えることで、翌日にはもう次の作物を作付けできる。

オルガノポニコの約半分では、もっとも需要が多いレタスを作付けしている。そのほか盛んなのは、ホウレンソウ、中国野菜、ニンニク、フダンソウ、バジル、薬草など、さまざまな軟弱野菜や根の浅い作物だという。地力を高め、病害虫の発生を予防するため、年間を通じて少なくとも一五種類を常時栽培するように奨励され、混作、輪作、間作が行われている（表7）。害虫が発生したり病気が蔓延したときは、その作物を取り除き、天地返しを行ったり、コンテナ内の土壌を交換して対処する。ごく稀なケースを除いて、化学農薬はまず使われない。

表7　オルガノポニコでの混作の例

レタス	大根、フダンソウ、ニンニクか玉ネギ
キャベツ	レタス、フダンソウ、ニンニクか玉ネギ
トウガラシ	大根、レタス、ニンニクか玉ネギ、フダンソウ、サヤインゲン
ツルナシインゲン	レタス、フダンソウ、ニンニクか玉ネギ

(注) フダンソウはビタミンAやカルシウムが多く、ホウレンソウに準じて利用する。
(出典) 表5に同じ。

なお、オルガノポニコは栽培技術のひとつだから、国営農場や首都野菜事業団が管理する企業農場でも行われている。

十分な農業用水が供給でき、土壌も肥沃な場所では、コンテナは使わず、土に堆肥を入れて作付けする、「集約菜園」と呼ばれるやり方も実施され、数多くの野菜やハーブ、スパイスが栽培されている。オルガノポニコで蓄積されたノウハウが活かされ、高収量をあげるために適切な間隔で作付けたり、大量の堆肥の投入が推奨されている。

◆急増する都市の野菜生産

オルガノポニコや集約菜園が大きな成功をおさめたため、九七年一二月に開催された「第七回全国オルガノポニコ大会」では、アルフレド・ホルダン農業大臣が特別演説を行い、今後三年間に以下の計画が実施されるべきだと表明したという。

① 集約菜園における野菜生産の強化。
② 市民一人あたり一〇m²のオルガノポニコ・集約菜園を二〇〇二年までに確保する。それに向けて、九八年に三m²、九九年に六m²、二〇〇〇年に八m²を達成する。
③ 未利用地の協同組合農場や個人農家での有効利用を進め、生産者の組織化を強化する。
④ 作付計画に果樹や花卉も含める。
⑤ 場所に応じて作付け品目を多様化する。トマト、緑豆、玉ネギ、ニンニク、チャイブ（ユリ科の多年草。ネギやアサツキに似たハーブ。香味が強く、カルシウムやカロテンも多い）、香辛料の生産を増やす。
⑥ 水不足に対応し、より多くの灌漑施設を整備する。
⑦ 堆肥と微生物肥料を用いて地力を高める。そのために、土壌研究所が大きな指導力やコーディネート力を発揮する。
⑧ バイオ農薬による病害虫防除を拡充し、各地区での個別なニーズに対処する。
⑨ コンサルティング・ショップを充実させ、生産者が種子、農機具、ホース、灌漑用品、生物

防除資材、技術的支援・普及指導が受けられるようにする。こうした資材は、各地区で生産されるべきである。

⑩ 設置や維持を含めて、オルガノポニコの責任者を各地区ごとに定める。

⑪ 行政内の関係組織の連携体制を強化する。

農業大臣の演説は、オルガノポニコがかかえる問題点を正確に指摘したものだった(63)。

それからほぼ五年経った現在、灌漑施設の強化、水問題の解消などは計画を上回る速度で発展している。その結果、野菜生産量は年々高まっていった。九八年には前年より五割もアップし四八万トンになり、九九年は八七万トン、二〇〇〇年は一六八万トンと、毎年倍増に近い数字をあげているのだ（市民農園も含む）。平均収量も、九五年の一m²あたり約五kgから、九六年には一五kg、九九年には二〇kgと年々増えてきた（図3）。

また、国内でもっとも生産性が高く、都市農業の首都と称されるシエンフェーゴス市を例に取ると、オルガノポニコの生産量は九四年の二六一トンから九八年には一万四八六八トンと、四年間で五七倍である。一〇aあたり収量も、九四年の五・三トンが九九年には二六・五トンと五倍以上に増えている(64)。

図3　オルガノポニコと集約菜園での野菜生産量

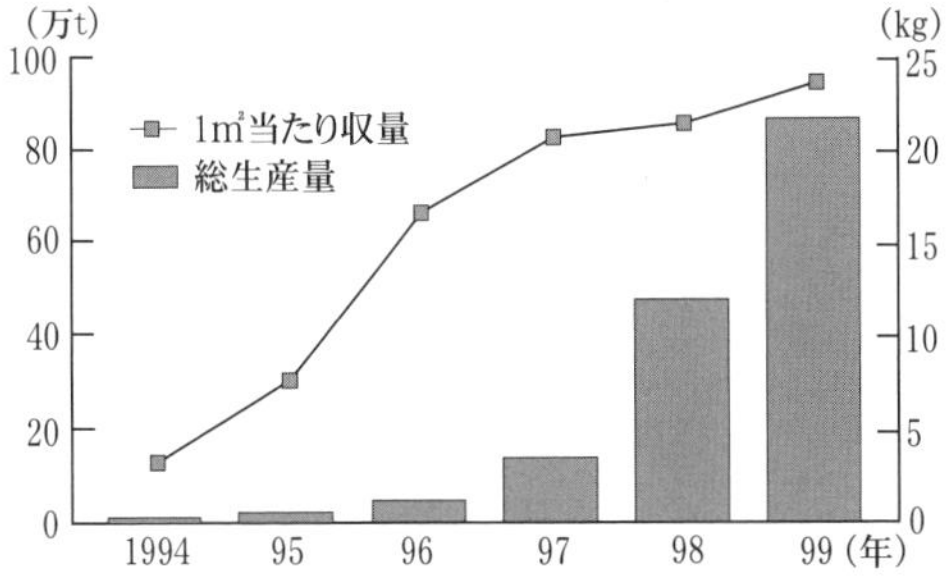

（出典）表5に同じ。

表８　各州のオルガノポニコ面積と１日１人あたり野菜供給量

	面積（99年：ha）	野菜供給量（g）			
		98年	99年	00年	01年
ピナール・デル・リオ州	602	101	274	480	574
ハバナ州	712	215	351	614	601
ハバナ市	462	65	88	150	165
マタンサス州	382	142	249	416	599
ビヤ・クララ州	504	127	216	381	505
シエンフェーゴス州	402	269	442	835	998
サンクティ・スピリトゥス州	457	248	368	640	856
シエゴ・デ・アビラ州	473	197	399	755	968
カマグェイ州	312	190	269	397	502
ラス・トゥナス州	314	99	193	500	685
オルギン州	663	71	156	383	409
グランマ州	336	75	186	398	508
サンティアゴ・デ・クーバ州	398	69	128	346	382
グアンタナモ州	162	144	299	517	732
青年の島	31	71	162	412	517
合計／平均	6,213	122	215	411	502

（注１）集約菜園の面積を含む。
（注２）2001年は計画値である。
（出典）Grupo Nacional de Agricultura Urbana, *Lineamientos para los Subprogramas de la Agricultura Urbana,* 2000, 2001.

かつては野菜を自給できず、観光ホテルなどで野菜を出すために海外から輸入していた。鮮度を保つために飛行機で輸入されたが、それは「恥の飛行」と呼ばれていた。いまではおいしい有機野菜がホテルで味わえる。キューバが生み出したオルガノポニコは、有機野菜の生産を通じて、都市住民の食をまかなうのみならず、観光客の舌も堪能させてくれているのだ。

とはいえ、都市農業はまだ発展途上である。二〇〇〇年の統計では、国民一人あたりの野菜供給量は、全国平均で一日あたり四一一gだが、ハバナ市では一五〇gにすぎない（表8）。国連食糧農業機関（FAO）が提唱する三〇〇gを全都市で達成することが目標である。

6　有機認証をめざす輸出作物

◆低迷を続ける砂糖生産

世界の年間砂糖生産量は一億二〇〇〇万トンであり、うち約六割がサトウキビを原料としている。サトウキビはニューギニア起源の作物で、中世にアラブ人の手を経てスペインに普及し、スペイン人がキューバに持ち込んだ。

一般に、モノカルチャー作物は国際市場に左右されやすい。だが、旧ソ連は政治的な思惑もあって、キューバの砂糖を世界標準価格の五・四倍もの高値で購入し続けた。八九年には牧草地を除く農地の六〇％にサトウキビが作付けられ、生産量は八一〇万トン。砂糖やラム酒などのサトウキビ加工品が、外貨収入の七五％を占めていた。ブラジルに次ぐ大産地として、まさにキューバは砂糖の島だったのである。

革命以前のサトウキビ生産は、季節労働者の人力に頼っていたが、革命後は近代化が精力的に進められていく。八〇年代末には収穫作業の七五％、搬出作業の一〇〇％が機械化されていた。このため、経済危機の打撃をもろに受けた。生産量は九三年に四三七万トン、九五年には三三六万トンと落ち込み、過去五〇年で最低を記録する。作付面積や灌漑面積も減った。九〇年と現在を比べると、作付面積は一八〇万haから一四〇万ha、灌漑面積は三九万haから一七・五万haと、それぞれ七八%と四五%にすぎない[65]。

政府は生産を回復させるため、九六年には三億ドル、九八年にも五億ドルもの外国資金を借り、投資しているが、二〇〇〇年も三六四万トンと生産は低迷している。他の農作物と比べて、なまじ工業化や機械化が進んでいただけに回復が困難なのである。砂糖のおもな輸出先はロシアと中国だが、九八年は九二年の半分以下の外貨しか稼げていない。総輸出に占めるシェアも、七〇%から三一%にまで落ちた。旧ソ連の買い支えがなくなり、かつ国際価格が低迷しているためである[66]。

◆有機認証とサトウキビの多面的な利用

低迷する砂糖産業をどうするか。今後の戦略は、有機栽培で付加価値をつけるとともに、砂糖の精製プロセスで発生する搾りカスなどの副産物を紙、肥料、燃料として再利用することである。

有機栽培にあたって活用されているのは、すでに紹介してきた方法である。大豆、ピーナッツとの輪作・混作が取り組まれている。サトウキビシンクイムシのような害虫防除には、砂糖産業省が所管する五三カ所のバイオ農薬生産センターが生産したヤドリバエやトリコグランマなどを使う。たとえば、ハバナ州にあるカルロス・デ・ラ・ロサ協同組合農場では、育苗畑一三haに一〇〇〇

四、一般畑一二二四haに五〇〇匹のヤドリバエを放っていた。数が少ないように思えるが防除効果は大きく、無農薬で生産できている[67]。

これまでのように茎をすべて刈り取らず、一部を残す穂首刈りも、九割の畑に普及した。茎を残すことで土の湿度が保たれ、土壌浸食や雑草の繁茂を防げる。除草のためのトラクターによる耕起回数は三分の一ですみ、除草剤の使用量は三五〜五〇%減ったという。

輸出用有機砂糖の生産は九七年から始まった。ドイツの協力を得てラス・ビラス中央大学が所有する研究農場でパイロット的な試作が行われ、その成果をもとに砂糖産業省が本格的な生産に取り組み始めたのである。

二〇〇〇年には約一〇〇〇トンがドイツの認証団体エコセルト・インターナショナルの認証を受けて、ヨーロッパへ輸出された。認証にあたっては、イタリアの有機農業団体ＡＩＡＢ（Asociacion Italiana de Agricultura Biologica）の協力を得て、ＮＰＯアクタフのメンバー、砂糖産業省の職員、ラス・ビラス中央大学の研究者たちがヨーロッパの認証基準を学び、専門家を養成した。砂糖産業省は近いうちに、減農薬・減化学肥料で栽培したサトウキビとは区別して、完全に有機栽培されたサトウキビだけから別ラインで精糖する農工業複合体を創設し、一日あたり四六〇〇〜六九〇〇トンの有機砂糖を生産する計画を立てている。

また、サトウキビは太陽エネルギーをとても効率よく利用する作物で、二酸化炭素の吸収率も高い。条件がよければ一haあたり一〇〇トンもの茎重量を生み出し、二トン以上の炭素を固定する。

これは、熱帯林に匹敵する能力で、地球温暖化防止に貢献するという意味で、きわめて環境保全的な作物といえるだろう。

サトウキビの搾りカスのバガスも、さまざまな分野に利用できる。水分含量五〇％のバガスは、五・二トンで石油一トンに等しいエネルギーを生み出す。ブラジルのアルコール自動車は有名だが、世界で年間約二億五〇〇〇万トンのサトウキビ副産物の三分の二は、アルコール燃料などに使われているという。キューバでも製糖工場はバガスのエネルギーだけで稼働し、余った約三割のエネルギーは周辺の発電などに使われている。さらに、粉砕されれば紙の原料や建築資材に使える。

一方、加工に使われない葉や茎の先端部分は全重量の二〇％になり、全国に九三〇あるサトウキビ集積センターに残される量は年間五〇〇〇万トンにも及ぶ。これらは化学的・微生物的に処理し、牛の飼料や堆肥原料に活用している。

◆有機農業への転換で生産を回復した柑橘類

砂糖に代わって輸出が伸びてきたのは、柑橘類、コーヒー、タバコである。輸出シェアは九二年の七％から九八年には一八％に増え、重要性が増している[68]。

革命時の五九年には、柑橘類の栽培面積は一万二〇〇〇ha、生産量は六万トンにすぎなかった。しかし、カストロ政権は柑橘類を輸出用作物として奨励する計画を立て、生産に力を入れた。栽培面積は急増し、生産量は八九年に一〇〇万トンを超え、世界一四位の生産国となる。九〇年の輸出量は四六万トンで、とくにグレープフルーツはイスラエルと並んでアメリカに次ぐシェアを占めていた。

だが、柑橘類の生産も巨大な国営農場が担ってきた。輸出先は旧ソ連と東ヨーロッパで、砂糖と同じく価格が保証されるなかで、品質や流通効率にはほとんど注意が払われていなかった。農薬と化学肥料の輸入が大きく減ると生産は落ち込み、九四年には四五万トンと半分以下になる。九二年の輸出量は四万五〇〇〇トンで、わずか二年で一〇分の一に急落した。栽培面積も減り、プランテーションには雑草が生い繁ったという。

それから数年で、生産量は九〇万トン程度にまで回復した。どんな工夫をしているのだろうか。柑橘類・果樹研究所を訪れ、アクタフのメンバー、ルイス・モラレスさんとアルナルド・カレアさんの話を聞いた。

「キューバは亜熱帯ですから、害虫管理がむずかしいのです。日本とは違って冬にも虫がいなくなりませんし、一年に七回も卵がかえってしまいます。七〇年ごろは、どこでも一年間に一〇回以上の農薬を撒き、一haあたり二〇〇ドルの農薬・化学肥料代がかかっていました。ところが、小規模農家が生産する柑橘類は、国営農場よりも見栄えがよく、虫も付いていなかったのです。当時も外貨は十分ではなかったので、私たち研究者は『農薬と化学肥料に頼るやり方はコストがかかり、よくない』と政府に提言しました。

八〇年代には農薬使用量の大幅な削減に成功し、輸出用の柑橘類以外は化学合成殺虫剤をごくわずかしか使わなくなりました。でも、除草剤や化学肥料は使っていました。その後、ソ連崩壊で化学肥料が手に入りにくくなったので、七〇年代から進めてきた研究を発展させ、できるかぎり化学肥料の使用量を減らすプランを立てました。いろいろな有機農法を用いることで、九四年を境に生産は回復していきます」

たとえば、樹木の下の除草用に、以前は年に六〜八回も除草剤を撒いていた。いまは大豆を作付けて雑草の繁茂を防ぎ、手で除草する。肥料に関しては、窒素分は堆肥やアゾトバクターでまかない、リンはフォスホリーナで補う。病害虫防除にはバチルス菌やボーベリア菌が活躍する。樹間での馬や牛などの放牧も行われている。家畜は雑草防除に役立つだけでなく、果樹の残渣をエサにして育ち、糞を有機肥料として供給してくれるし、牛乳も得られているという。

同時に、栽培面積の五四％は協同組合農場が担うようになった。その結果、生産量がアップし、生産コストは大幅に下がった。

◆輸出の中心は有機ジュース

柑橘類の輸出は、生鮮品からジュースがメインとなった。生鮮品が三万トンに対して、加工品は七〇万トンにのぼっている（二〇〇一年）。その大半は、オレンジとグレープフルーツである。

「ジュース加工用の柑橘類は化学農薬を一切使っていません。一〇年以上農薬を撒かずに総合的病虫害管理を続けたおかげで、害虫と天敵のバランスがとれるようになりました。このバランスが崩れたときは、バイオ農薬で防ぎます。以前は多いときで年に二〇回も散布していたこともありましたが、いまではたとえ撒いたとしても、石油から採るミネラルオイル一回程度です」[69]

柑橘類については外国企業も参入している。九一年にチリの企業が、年間三〇〇〇万ℓのジュース生産に参入した。それは「トロピカル・アイランド」というブランド名で販売されている。九三年には、オレンジ、グレープフルーツ、ライムの生産と販売を行うためギリシャとイギリスの企業が、シエゴ・デ・アビラ州を中心とする近隣の七つの国営農場（三万一〇〇〇ha）と合弁企業を設立した。柑橘類の生産回復には、有機農業への転換に加えて合弁企業の投資も大きかったと言えるだろう。

九七年からは、ハバナ州やシエンフェーゴス州などで有機果樹とジュースの生産プロジェクトが商業ベースで始まっている。完全有機農業での生産は、近代農業と比較すると表９のように若干コストはかかる。しかし、有機ジュースは、一般品より四〇％も高く販売できているという。

このほか、ココナッツ、マンゴー、パパイア、パイナップル、グァバなどの熱帯果樹もある。近年の観光業ブームともあいまって、ＦＡＯや海外ＮＧＯの支援を受けた五つのプロジェクトが動いており、柑橘類と同じく有機栽培が始まっている[70]。

表９　柑橘類の１トンあたり生産コストの比較

	近代農業	有機農業
生産コスト	100〜140 ドル	160〜200 ドル
加工コスト	150〜180 ドル	200〜250 ドル
合　計	250〜320 ドル	360〜450 ドル

（出典）柑橘類・果樹研究所資料。

◆日本へも輸出される有機コーヒー

一九世紀のキューバは世界有数のコーヒー産地で、一八二七年には二〇六七ものプランテーションがあった。革命後も輸出されていたが、労働力不足と経済危機の影響で九四年の輸出量はわずか九二〇〇トンにすぎなかった。現在はおもに山岳地域で、手作業によって生産されている。柑橘類と異なり外国からの投資はなく、価格も安いため生産の回復は遅れたが、二〇〇一年には前年比六三%増となり、輸出も増えた。輸出先の八〇%は、フランスと日本である。

グアンタナモ州とサンティアゴ・デ・クーバ州では、三〇〇〇haのプランテーションで有機コーヒーのプロジェクトが始まった。日本の首都圏コープ事業連合は、有機コーヒーの輸入をめざして交流を進めている。また、カカオ豆も一五〇〇haが有機転換中である。これらはコーヒー・ココア研究センターが技術支援している。

有機栽培で作ったコーヒーに、有機砂糖をたっぷり入れる。そんなぜいたくな味を日本で楽しめる日も、遠くはないだろう。だが、日本のビル街で飲むよりは、生産者たちと交流しながら、灼熱のキューバの日差しの下で本当のスローフードを楽しみたい。そう願うのは、筆者だけではないだろう。

（1）一九九八年五月三一日〜六月六日にハバナ市で開催された国際会議「開発の倫理と文化：持続可能な経済をつくる」における講演。María López Vigil, *Twenty Issues for a Green Agenda.* 〈http://www.

afsc.org/cuba/grnagnde.htm〉

（2）地上でヨウ化銀を燃やして煙を雲の中に送り込んだり、飛行機からドライアイスを上空に撒き散らすと、雲の粒が雪だるま式に大きくなる。そして、やがて雨滴となり、人工的に雨を降らすことができる。山上で護摩を焚いた雨ごいを科学的に進歩させた手法といってもよい。ちなみに、東京都は小河内（おごうち）ダムにヨウ化銀を用いた人工降雨装置を整備している。

（3）Alberto. D. Pérez, *Emeralds of the Cauto*, 2002. 〈http://www.globalexchange.org/campaigns/cubasustainable/p 8 Mar 02_E.pdf〉

（4）農業と林業を有機的に組み合わせた、複合的に土地を利用する農法。樹間栽培、多層混牧林方式のほか、伝統的な移動焼畑耕作も相当する。持続可能な熱帯林の管理システムとされ、ブラジルやタイなどで実施されている。

（5）Peter Rosset and Medea Benjamin eds., *The Greening of the Revolution : Cuba's Experiment with Organic Agriculture,* Ocean Press, 1994.

（6）Fernando Funes and Peter Rosset et al. eds., *Sustainable Agriculture and Resistance : Transforming Food Production in Cuba,* Food First, 2002. P 178

（7）前掲（6）。

（8）前掲（1）。

（9）Matthew Werner, "The Worm Man of Havana", *Worm Digest*, Issue 5, Nov., 1998. 〈http://www.wormdigest.org/article_27.html〉

（10）前掲（9）。

（11）前掲（5）五六ページ。

（12）前掲（5）五七ページ。

（13） 前掲（6）一七三ページ。以下、微生物肥料についての記述は、前掲（6）一七一～一八三ページを参考にした。

（14） このほか、アゾスピリューム菌もサトウキビや米で活用されている。また、リゾビウム菌を特定し、豆科作物の生産に活用するプログラムも推進され、大豆が必要な窒素量の八〇～一〇〇%をまかなうことに成功した。飼料作物でも、化学肥料の使用量を七〇～一〇〇%削減している。

（15） 土壌中の粘土粒子はマイナスの電荷をもっているため、陽イオンを吸着している。土壌が吸着・保持できる陽イオンの最大量を陽イオン交換容量（CEC）と呼ぶ。CECが高いほど、作物の肥料となるカルシウムなどの陽イオンが保持される。すなわち、肥持ちがよい。

（16） 前掲（5）五五ページ。

（17） 前掲（5）三三ページ。

（18） 機械化については、前掲（6）のほか以下を参照。Sergio Díaz-Briquets, "Forestry Policies of Cuba's Socialist Government : An Appraisal", Catherine Murphy, *Cultivating Havana : Urban Agriculture and Food Security in the Years of Crisis,* Food First, 1999, p.7.

（19） Peter Rosset, "The Greening of Cuba", *NACLA Report on the Americas*, vol.28 No.3, The North American Congress on Latin America, 1994, pp.37-41.

（20） 前掲（19）。

（21） 以下、牛耕については、前掲（6）の第9章を参照。

（22） Lem Harris, "Cuba Attaining Sustainable Agriculture", *People's Weekly World,* 17 Jan., 1998. 〈http : //www.hartford-hwp.com/archives/43 b/162.html〉

（23） 前掲（5）。

（24） 前掲（22）。

(25) 前掲(５)。
(26) 前掲(６)。
(27) *Anuario Estadistico de Cuba 2000*〈http://www.camaracuba.cubaweb.cu/TPHabana/Estadisticas2000/estadisticas2000.htm〉より筆者作成。
(28) Robert E. Sullivan, "Cuba producing, perhaps, 'cleanest' food in the world", *Earth Times*, July, 13, 2000.
(29) 抗原を検出するために蛍光色素で標識した抗体を用いる蛍光抗体法、抗原・抗体に酵素を共有結合させるエライザ法などがある。
(30) 日本植物防疫協会編『生物農薬ガイドブック１９９９』日本植物防疫協会、一九九九年。
(31) 以下の記述は、前掲(５)(28)を参考にした。
(32) Peter Rosset and Monica Moore, "Food security and local production of biopesticides in Cuba", *ILEIA Newsletter*, Vol.13, No.4, p.18.〈http://www.oneworld.org/ileia/newsletters/13-4/13-4-18.htm〉
(33) マーレーン・マライス、ヴィレム・ラーフェンスベルグ著、矢野栄二監訳『天敵利用の基礎知識』農山漁村文化協会、一九九五年。
(34) 前掲(５)四一ページ。
(35) 前掲(19)。
(36) Minor Sinclair and Martha Thompson, *Cuba: Going Against the Grain: Agricultural Crisis and Transformation*, Oxfam America, 2001.
(37) アメリカのラジオ局National Public Radioの番組"Living on Earth"で一九九五年六月三〇日に放送された特集'Organic Food Revolution in Cuba'による。〈http://www.loe.org/archives/950630.htm〉
(38) 前掲(６)一二四ページ。

(39) ただし、日本有機農業研究会の橋本慎司氏によると、ニームには環境ホルモン物質の疑いがあるという。

(40) 前掲(6)。

(41) Kristina Taboulchanas, *Case Study in Urban Agriculture : Organoponicos in Cienfuegos, Cuba,* 2000. 〈http : //www.dal.ca/~dp/reports/ztaboulchanas/taboulchanasst.html〉

(42) 前掲(27)。

(43) 畜産については前掲(5)(6)参照。

(44) Manuel David Orrio, "The Livestock that did Exist", *CubaNet,* 1997. 〈http : //64.21.33.164/CNews/y97/mar 97/24 stok.html〉, James E. Ross, "Market Potential for U.S. Livestock Genetics in a Free Market Cuban Economy", *Cuba in Transition,* vol.10, Association for the Study of the Cuban Economy, 2000.

(45) Christopher P. Baker, *Moon Handbooks : Cuba,* Avalon Travel Publishing, 1997.

(46) 後藤政子編訳『カストロ革命を語る』同文舘出版、一九九五年。

(47) 前掲(44)の講演。

(48) 前掲(6)参照。また、国連開発計画(UNDP)による「持続可能な農業国際ネットワーク推進プロジェクト(SANE)」の一環として行われたラテンアメリカにおけるアグロエコロジーの調査で、キューバ、ペルー、ホンジュラス、チリの四カ国は成功例として紹介されている。〈http : //cnr.barkeley.edu/~agroeco 3/sane/monograph/CUBA.htm〉

(49) アメリカに本拠をおくNGO、グローバル・エクスチェンジのキューバ環境キャンペーン資料による。*A Patch of Green : Supporting Sustainable Development in Cuba,* 1997. 〈http : //www.globalexchange.org/education/publications/newsltr 3.97 p 3.html〉

(50) アメリカのラジオ局 National Radio Project の番組 "Making Contact" で一九九八年一〇月一四日に

放送された特集'The Last Domino?：Cuba and Its New Economy'による。〈http://www.radioproject.org/transcripts/9841.html〉

(51) 前掲(48)。

(52) 前掲(44)、James E. Rossの論文による。なお、これはＦＡＯの数値であり、実態はもっと低いかもしれない。

(53) Tooker Gomberg and Angela Bischoff, ***CUBA*** *: An Island Apart*, 1997. 〈http://www.greenspiration.org/Article/CubaAnIslandApart.html〉

(54) P. L. Dominguez, *New Research and Development Strategy for a Better Integration of Pig Production in the Farming System in Cuba* 〈http://ces.iisc.ernet.in/hpg/envis/sysdoc 1116.html〉（一九九六年九月九日～九七年二月二八日にインターネット上で行われたＦＡＯによる国際会議（「複合農業における家畜飼料資源」での発言）

(55) 前掲(1)。

(56) アメリカのラジオ局National Public Radioの番組"Living on Earth"で一九九五年七月二一日放送された特集'Cuba：The "Special Period"'による。〈http://www.loe.org/archives/950721.htm〉

(57) 前掲(5)二五ページ。

(58) 前掲(6)二三一ページ。

(59) 稲作全般については前掲(6)参照。

(60) 熊澤喜久雄「キューバの農業事情、とくに稲作について」『耕』七七号、山崎農業研究所、一九九八年。

(61) ただし、有機農産物の国際認証基準では、たとえ天然の植物から採ったものであっても、尿素やニコチンを用いたものは、有機農産物としては認められない。

(62) オルガノポニコについては前掲(18) Catherine Murphy, *Cultivating Havana : Urban Agriculture and Food Security in the Years of Crisis* および前掲（41）参照。

(63) 前掲(62)。

(64) Alejandro R. Socorro Castro, *Cienfuegos, the Capital of Urban Agriculture in Cuba,* 1999. 〈http://www.cityfarmer.org/cubacastro.html〉

(65) 前掲(6)。

(66) サトウキビについては前掲(36)参照。

(67) 前掲(6)二七一～二七二ページ。

(68) 果樹については、Robert M. Behr, *Cuba's Citrus Industry* 〈http://www.cubanag.ifas.ufl.edu/pdf/citrus 1.pdf〉（一九九一年一〇月二三日に開催されたフロリダ柑橘類委員会での講演）および Armando Nova Gonzáles, Thomas spreen and Carlos Jáuregui, *The Citrus Industry in Cuba 1994-1999.* 〈http://www.cubanag.ifas.ufl.edu/pdf/cubacit.pdf〉参照。

(69) 鉱物油は昆虫の気道を塞ぐことで、殺虫効果がある。とくに、ミカン類に被害を及ぼすカイガラムシの防除に、ヨーロッパでも活用されている。

(70) 前掲(6)。

第3章

自給の国づくり

ヒルベルト・レオン農場のオルガノポニコ

1　有機農業を支えた土地政策と流通価格政策

キューバの農政改革は、国をあげた有機農業への転換だけにとどまらない。大規模な国営農場を約三〇〇〇もの中規模・小規模な新協同組合農場へ解体したり、都市で新たに農業を始めたりと、大胆な政策が進められている。さらに、生産農家組合の強化や新規就農者の育成など担い手対策、地場流通を広げるための大胆な流通改革と、あらゆる面に及んでいる。

日本では、一九六一年の旧農業基本法の制定以来、零細な土地所有という「アジア的農業構造」を「改革」し、欧米型の大規模農業経営体を育成する規模拡大政策と、ほ場整備事業や構造改善事業が、農政の主流を一貫して占めてきた。認定農業者や農業法人への農地集積、あるいは株式会社の参入など、九九年に制定された食料・農業・農村基本法下における政策フレームも、基本的には変わっていない。

すでに述べたように、キューバでは革命以前から大規模プランテーション農業が発達し、革命後もサトウキビ、タバコ、柑橘類などの輸出換金作物の生産が奨励されてきた。だが、数万haにも及ぶ大規模農場は、一部のエコノミストが称えるように決して効率的なものではなかったし、環境破壊的である。そして、エコノミーの面からもエコロジーの面からも、持続可能ではなかった。

その結果キューバでは、伝統的な農法や小規模農家が見直され、地域自給を軸に、大規模単作農業を小規模多品目栽培へ改める、いわば「逆の構造政策」が進められているのである。また、日本では都市政策上も農政上も軽視され続けてきた都市農業の育成に国をあげて取り組み、首都ハバナ市をはじめ、全国の諸都市で野菜の生産量は急増した。

こうした改革は、国がまるがかえの護送船団方式や中央統制の画一主義を見直し、市場原理や競争原理を導入しながら、地域の特性に応じて新協同組合農場などの民間農場が自主的に自立していく改革をともなっている。有機農業の振興は、技術論だけでなく土地政策や流通価格政策とも密接なかかわりをもつ。本章では、有機農業を支えたキューバの農地改革や流通改革について見ていきたい。

2　大規模農場の解体と新しい協同農場の誕生

◆国営農場を解体し、新協同組合農場を創設

経済危機以前のキューバでは、全農地の七五％を農業省が管理する巨大な人民農場や砂糖産業省下の約一八〇の農工業生産複合体が所有し、一二％を協同組合農場や生産農家組合、三％を個人農家が耕作していた（表10）。民間セクターが所有する農地は四分の一にすぎなかったのである。農

表10　農地の所有形態の推移　（単位：1000ha・%）

	1989	1995	1997
国営農場など国営セクター	5,032.5 (74.3)	2,178.7 (32.6)	2,234.5 (33.4)
新協同組合農場	0	2,816.6 (42.1)	27,756.0 (41.2)
協同組合農場	769.8 (11.4)	649.5 (9.7)	614.2 (9.2)
生産農家組合	739.1 (10.9)	787.3 (11.8)	779.7 (11.7)
個人農家	230.6 (3.4)	252.1 (3.8)	302.3 (4.5)
合計	6772.0	6,684.2	6,686.7

（出典）1989年と1995年はWilliam A. Messina, Jr., "Agricultural Reform in Cuba: Implications for Agricultural Production, Markets and Trade", *Cuba in Transition,* vol.9, Association for the Study of the Cuban Economy, 1999. 1997年は表1に同じ。

業省のホセ・レオン国際局長は言う。

「大規模な国営農場では、大量の農薬や化学肥料やトラクターが必要でした。これらが得られなくなったり動かせなくなったので、新協同組合農場をつくったのです。働きたい人に土地を無償で貸与し、トラクターやトラックなどの農業機械は組合を通じて個人農家が利用できるようにしました」

九三年九月、新協同組合農場（UBPC＝協同生産基礎単位）設立法第一四二号が国会を通過した。この結果、国営農場の多くは、土地の所有権は国家にあるが、農家が自立運営する新協同組合農場へ解体される。九七年に国営農場三三%、協同組合農場・生産農家組合六二%、個人農家五%と、民間セクターが三分の二を占めるようになったのだから、すさまじい農地改革である。

では、なぜ、大規模な国営農場を解体しなければならなくなったのか。理由は三つある。

第一は、レオン国際局長が言った経済的な背景である。農薬、化学肥料、石油という大規模農場を成立させていた物質的基盤が大きく減少してしまった。

第二は、近代的な集約農業を推進した結果、土壌が固く締まる、浸食、塩害の発生、水質の汚染、生物種の減少、農薬抵抗性病害虫の増加、収量の停滞や低下などさまざまな弊害が生じたというエコロジカルな理由である。たとえ輸入資源が確保され続けたとしても、環境上の制約から、大規模近代農業が早晩ゆきづまることは目に見えていた。

第三は、効率性の問題である。大規模農場では、農業者は請負作業員にすぎなかった。作付けや収穫作業が別々の作業員によって行われ、一貫して作物を育てる喜びもなく、生産効率が低下していたのである。国営農場の生産性は以前から低く、とりわけ八六年以降は低迷を続けていた。八〇年代には国の全予算の約三割が投入され、大量の化学肥料やトラクターが使用されたにもかかわらず、効果が見られたのは八六年で三九%、九〇年は二七%にすぎない[1]。九三年一二月の国会では、ホセ・ルイス・ロドリゲス経済計画大臣が「この三年間の財政赤字の実に五四%は農業や砂糖産業への補助金が原因です」と報告しているほどだ。

だが、いかに必要だったとしても、なぜ、これだけの一大農地改革が混乱をきたすことなく進んだのだろうか。

「実は七七年に先駆的なモデルケースとして、協同組合農場制度をスタートさせていました。ここで働く人たちの意見を改革に反映できました。もうひとつは、生産をあげるために、ノルマと働きに応じて給料が上がる制度を導入しことです。これには多少の反対意見もありましたが、うまくいきました」(レオン国際局長)

新協同組合農場をつくるにあたって、この協同組合農場（一四三ページ参照）や個人農家がモデルとされたのは、面積では農地の二五％を占めるにすぎないのに、野菜や果樹の五一％を生産していたためである。それらは、経済危機以降も生産性をさほど落とさなかった。フード・ファーストのロゼット博士は、こう述べている。

「有機農業でサトウキビを生産する小規模農家は、収量を一・五倍も向上させました。伝統的なやり方でサトウキビとその他の農作物と牧草を輪作している農家も多くの収量をあげ、食料供給に大きく貢献したのです。こうした農家は、砂糖が重要視されていた時代には目立ちませんでしたが、有機農業を全国的に広めようとする専門家たちの関心を呼んだのです。農薬や化学肥料を使わなくても、危機をうまく切り抜けていたからです[2]」

表11　新協同組合農場の作目別内訳（1999年）

サトウキビ	1,063
畜産	719
穀物	347
コーヒー・ココア	289
柑橘類・果樹	117
養蜂	65
タバコ	53
米	11
合計	2,864

（注）サトウキビは1997年の数字である。
（出典）表5に同じ。

◆国営農場に代わって躍進する新協同組合農場

九四年一月には、ハバナ州だけで、サトウキビ四八、穀物二九、タバコ一〇、柑橘類三の合計九〇の新協同組合農場が設立され、国全体では五八〇が新たに誕生した。九九年には約二七〇〇になっている。生産上のシェアも逆転した。九七年時点で、すでに新協同組合農場はサトウキビの七〇％以上、牛乳の四二％、米の三八％、柑橘類の三六％、主要穀物の三二％、コーヒーの二二％、果樹の一六％、野菜の一二％、タバコの七％を生産している[3]。

食料危機を切り抜けるには、なによりも生産性の向上が必要だった。有機農業を行うには、作物と対話しつつ、きめ細かい作物管理が求められる。新協同組合農場は、どのような仕組みをもっているのだろうか。設立法第一条は、以下のような原則にもとづいて運営されなければならないと定めている。

①生産者である組合員が具体的な責任感をもつように、農地と密接に結びつける。
②組合員が協力して自給を達成し、あわせて住宅その他の生活状況を漸進させる。
③生産を収益に反映させ、給与は生産の達成状況に厳格に応じる。
④自給を達成するために自主的な組合運営を推進し、生産過程において資材を自ら管理する。

そして、設立後ほぼ一〇年が経過した現在、多くの農場で次のような変化が見られているという。

①経済効率性の向上とコストダウン

国営農場時と比べて組合員たちが、生産量や生産コスト、組合の収益に大きな関心をいだくようになり、コスト削減に努力した結果、黒字組合が増えた。また、努力が給料に反映されるため、意欲をもって生産に励んでいる。

②自己管理と組合員の運営参加

組合員たちは、各自に割り振られた農地を責任をもって耕作するようになり、栽培面積も作物の種類に応じた適切な広さとなった。農産物を直売したり、組合の運営方針を決める会合への参加も増え、組合員全員が協同で農場を運営しているという自覚が高まった。

③有機農業の進展

経済危機で資材が不足するなかで、経営を安定させるために有機農法を採用する農場が増え、エコロジカルな伝統的な農法への回帰も進んでいる。

国営農場の効率が悪かった最大の理由は、農業者が部分的な作業の請負作業員にすぎないため生きがいをもてず、働いても働かなくても給料に差がないことであった。まさに、法の意図したとおりの改革が進んでいると言えよう。

◆小規模化でコストダウンに成功

インターネット上では、九三年末にハバナ州で誕生したばかりの新協同組合農場を調査した、アメリカ・ジョージタウン大学の報告書が読める。[4] 国営農場からの転換がどのように行われたのか、イメージをつかんでいただくため、その要旨を紹介してみよう。

「四万haあった国営農場は、従業員、農業コンティンジェント（派遣団）、都会からのボランティアの労働者（国家奉仕として二週間、農場で働く）、青年労働部隊（EJT）が耕作していた。九三年一〇月に四〇〇〇～六〇〇〇haの八つの農場に分割され、うち三つがすぐに新協同組合農場へと転換した。各農場では、まず、組合の内部規約を定めるために五名の理事を生産者協議会で選出。いずれの理事会も、一所懸命に働こうとしない者は、組合から永久追放すると決議した。仕事をしない者は組合から追い出されてしまうわけだ。

新協同組合農場では、組合員たちは配分された土地での生産ノルマを負う。しかし、ノルマというムチがある反面、生産をあげればあげた分だけ給料がアップするというアメもある。

『一方で、組合利益の半分は運転資金として使い、残りは労働者の間で分かち合うことにしました。多くのメンバーがメリットが多いと判断し、派遣団の七〇％が参加を決めたのです』

三つの新協同組合農場は、実質的には一二月からスタートしたが、わずか三週間後には早くも顕著な変化が現れた。

『国営農場では灌漑施設の管理だけに一二人も割り当てていましたが、いまでは半分が耕作も受け持っています。トレーラーを一台動かすのも以前は六人がかりでしたが、いまは三人です。こうした効率化で浮いた余剰人員は、除草作業に向けられています』」

また、九九年一二月にオックスファム・アメリカが調査を行ったとき、シエゴ・デ・アビラ州にあるマルティレス・デ・モンカダ酪農組合の組合長は、こう述べている。

「国営農場の時代と比べると、はるかに少ない資材で、よい経営がやれています。組合員たちには自分たちが農場を所有しているという気持ちがあるし、農場が小さくなったことで管理も容易です。そして、より自立的でもあります。自分たちで生産計画を立て、品質のよい牛乳を生産することで、収入も増えています。以前は、毎年一二〇〇万ペソもの損失がありました。たとえば、一二

○○頭の牛が死んでいたのです。昨年は近くの新協同組合農場も含めて、わずか二〇〇頭が死んだだけでした。まだ十分とは言えませんが、以前よりも格段に生産性があがっているのです[5]」

新協同組合農場は、砂糖から野菜、牛乳まで多くの農畜産物を生産する。基礎賃金は全国一律で、それ以上に賃金を払うかどうか、利益をどう分かち合うかは、各農場の裁量に委ねられている。一般的には、組合員が別々の作物を作っている場合には均等に分配し、同じ作物を作っている場合には、生産意欲を刺激するため生産量を賃金に反映させているケースが多い。

組合員たちの生産意欲は高まり、以前より長時間働き、農業機械や施設もよく管理するようになった。そもそも、農場が小さくなれば管理しやすいし、石油や肥料など農業資材も少なくてすむ。これは政府の財政削減にもつながる。政府は国営農場への補助金をカットし、浮いた財源を新協同組合農場に低利で融資している。

◆組合員たちが自主的に農場を運営

新協同組合農場の特徴のひとつは、組合の運営方針を全組合員が参加する月例会で、自主的に決定していることである。作物の作付け、投入資材の購入など短期的な方針は、メンバーのなかから選ばれた組合長、技術マネージャー、資材マネージャーなど幹部が役員会で決定する。だが、メンバーの加入や除名など重要事項は全員で決めている。ちなみに、新協同組合農場は、希望者は誰でも組合員となれる。多くは、他産業からの転職者である。

自主的な運営事例として、インターネット上に掲載されていた田舎町メレナ・デル・スルにあるサトウキビの新協同組合農場を紹介しよう。[6]この地区には以前、二つの国営農場があったが、深刻な石油と農薬・化学肥料不足で、生産量が一〇分の一以下にまで落ち込んだという。そして、生産を回復するため、三つの新協同組合農場に分割民営化されたという。資材マネージャーのダビド・マルチネス氏は、次のように語っている。

「新しい協同組合農場のメンバーは一八〇人で、うち二三人が女性です。生産に問題があるときは、全員の問題です。国営農場時代は、農場長一人だけがどうするかを考えていました。いまは、よい解決策を見出すために全員のアイデアを持ち寄ります。自分たちが決めたことへの責任を一人ひとりが感じているから、アイデアは効果的に実行されるのです」

一五〇〇haの農場のほとんどはサトウキビだが、組合員の自給用の野菜畑もある。石油が乏しいので、農作業の多くが牛や人力で行われ、厩肥がおもな肥料源となっている。労働集約型の生産方式に戻ったために、都市へ移住していた農業労働者たちを呼び戻さなければならなかったが、その説得に際しては、組合の民主的な自治運営が大きな効果があったという。

一般にサトウキビ農場は毎年初めに国と契約を結び、収穫したサトウキビは国へ販売する。契約量よりも多く生産できれば直売所で売り（ただし、収穫量の二〇%まで）、利益は組合員の間で分配されたり、組合のために再投資される。達成できなければ、翌年の売上げから支払わなければならない。

表 12　農場の平均規模の変化　（単位：ha）

	国営農場（90 年）	新協同組合農場（94 年）	縮小率	1 人あたり耕作面積（新協同組合農場）
サトウキビ	13,110	1,190	11 分の 1	—
米	32,760	5,132	6 分の 1 強	33.7
畜産	24,865	1,595	16分の 1 弱	16.8
柑橘類・果樹	10,822	100	100 分の 1	10.3
野菜	4,276	459	9 分の 1	3.7
タバコ	2,778	241	11 分の 1	2.8

（出典）表 10 に同じ。.

労働は骨が折れ、いつも利益が出るわけではない。しかし、組合員たちは、自分たちで仕事を管理していることに誇りをもつという。

◆農地と農業者のつながりを深める政策

ソ連式の大規模国営農場の平均規模は、表12のように日本では想像できないほど広大だった。だが、改革後の新協同組合農場は全国平均で一一〇〇ha、一農場あたり組合員数九七名と、米と野菜を除けば一〇分の一以下になっている。そして、有機農業を推進していくなかで、さらなる規模縮小が重要であると考えられるようになった。有機農業を行うには、どこに有機物を加える必要があるのか、どこが害虫の発生場所になりがちなのかなど、各ほ場ごとの違いに生産者が精通していなければならないからである。

「とりあえず規模を縮小してみたが、まだ大きすぎる。それが効率の悪さや生産の低さの原因になっている。有機農業を効果的に行うために、さらに小規模な生産組織を創設しようではないか。農業者をより農地と密接に結びつけ、あわせて所得面での動機づけも与えよう」

こうした農政関係者の発想のもとに、「大地との結びつけ」(Vinculando el Hombre con la tierra)と呼ばれるプログラムが新たに取り組まれている。典型的には、一カバジェリア(一三・四ha)ごとに四人からなるチームをつくる。彼らに割り当てた農地での責任をすべて負わせ、生産性のアップを報酬につなげることで、潜在的な生産力を引き出そうというわけだ。九九年には全農地の約四分の一で実施され、生産性の向上につながった。そして、さらに拡大中である。

政府の統計では、新協同組合農場は国営農場より三七%も労力が削減できている。四人のチームに農地を割り当てて賃金を生産量に応じて支払っているある新協同組合農場では、収益が他農場より約二五%高いという。

◆栽培品目の多様化と自給運動

農場の規模縮小と同時に、栽培作物の多品目化が進んでいる。キューバのような亜熱帯の気候風土は、そもそも大規模単作化には向かない。第2章でふれたように、多くの作物を輪作したり混作したりすることで、生態系は安定する。

一三五ページで紹介したオックスファム・アメリカが行った調査で、シエゴ・デ・アビラ州にある協同組合の組合長は、こう答えている。

「農地の多様性が鍵なんです。農業生産資材が不足しているために、一haあたりのサトウキビの収量は八〇年代の半分近くです。それでも、多様化のおかげで、全体としては利益をあげています。サトウキビに加えて、二六haで果樹と野菜を栽培し、五〇〇〇本のコーヒーと一〇〇〇本のカカオの木を植え、牛四〇〇頭と豚一五〇頭も飼育しているからです」

この事例が示すように、新協同組合農場の設立の目的のひとつは、栽培品目を多様化し、各農場ごとの自給化を進めることだ。多くの国営農場や既存の協同組合農場は自給を軽視してきたが、食料危機に直面すると、自給の習慣を失っていなかった小規模農家の実践に学んで、遊休農地を自給用に開墾したり、家畜を飼育し始めた。たとえば、九三年に自給に取り組み出したある協同組合農場の栽培品目は、トウモロコシ、米、豆、バナナ、サツマイモ、トマト、根菜類、ヒマワリ、コーヒーなどである。こうした自給農産物は、実質的に給料の倍近い価値に相当していた。

二〇〇〇年にフード・ファーストが三カ所の新協同組合農場を調査した折にも、農場の誰もが「もっとも重要なのは自給運動で、そこに魅力を感じて参加しています」と答えたそうだ。ハバナ大学の統計研究センターが、新協同組合農場が発足して二年後の九五年に調査したところ、すでに六四%が自給に向けた取組みを行っていた。キューバ政府によると、新協同組合農場を通じて食料を自給している人びとは三〇〇万人に及ぶという。

◆経営管理と一層の意識改革という課題

このように大きな成果をあげている新協同組合農場だが、課題がないわけではない。

ひとつは、経営管理上の問題だ。レオン国際局長が言う。

「もっとも苦労しているのは、マネジメントです。他のラテンアメリカ諸国と比較すれば、キューバでは組合員は少なくとも中学校を卒業しているし、読み書きができ、文化的な教養はあります。知的水準は高いのですが、事務能力をもった人材が少ないのです。苗を植えたり、種子は播けても、マネジメントができない。どこから物資を入手して、どう合理的に農場を管理運営するか。いま、その人材育成に力を注いでいます」

もうひとつは、新協同組合農場が国から完全には独立していないことだろう。法的には自立しているが、いまだに国は大きな影響を及ぼしている。

たとえば、運営方法を月例会で定めるとはいえ、すべての新協同組合農場に適用され、月例会では廃止できない一般的な規則もある。労働者の個人的な農地所有や機械など農場設備の自由な販売は規制されている。農地の所有権は国が持ち続ける。組合員は無料でかつ永続的に借りられ、耕作権と作物の所有権を持つが、相続はできない。

生産計画も自由ではない。どんな作物をどれだけ作付けるのかの交渉を行ったうえで、契約にもとづいて必要な農業資材が販売される。たとえば、以前にバナナを生産していた国営農場が新協同組合農場になった場合は、基本的には同じ量のバナナの生産が求められる。

多くの組合長は、自分たちだけですべてを決め、自給用作物や生産効率のよい作物を自由に作付けたいと願っている。しかし、新協同組合農場をいまだに国営農場と同じものだとみなす発想が抜けきっていない政府の職員もいれば、自分たちの農場であるという意識が薄い組合員も見られる。新たな意識改革は、一朝一夕では進まない。このため、新協同組合農場は「国営協同組合」と呼ばれたり、「官と民間とのハイブリッド」と揶揄されたりもしている。

とはいえ、全体的には分権化が大いに進んだといってよい。作付けの決定などに初めて参加した組合員は力づけられる。生産ノルマを負い、生産量に応じて報酬の優劣もあるものの、利益の五〇%は組合のローンの返済や生産資材に用いられる。さらに、決算で残益が出た場合には、組合員住宅やレクリエーション施設の建設費、健康診断や技術訓練のための経費としてプールされている。この背景にあるのは、競争原理を導入しながらも、組合員がそれぞれ意欲をもって互いに支え合っていこうとする、協同組合精神の復活なのである。

◆農業生産組織の全体像

新協同組合農場が創設された結果、農地所有の形態や生産組織は複雑になった。全体の概要を説明しておこう（表13参照）。

①国営セクター

機械化を必要とするサトウキビや米、大規模養豚・養鶏、家畜育種など戦略的な部門が残っている。農地の約三分の一を占め、国営農場、新型国営農場（GENT）、青年労働部隊、企業などの自給農場（アウトコンスモス）から成っている。

表13　キューバ農業の変化

	1989年	2000年
国の役割	中央集権的計画経済 国が農場を運営、民間農場には生産を割り当て	地方分権化の推進 国は生産は管理しないが、流通には関与
農地	国営農場などが74.3%	民間が67%を運営（1997年）
おもな生産組織	国営農場、協同組合農場、生産農家組合、個人農家	新協同組合農場、国営農場、協同組合農場、生産農家組合、個人農家、都市農家
都市農業	ほとんどなし	20万人
農家の収入（1カ月）	個人農家　319ペソ 協同組合農場　157ペソ	個人農家　971ペソ 新協同組合農場　691ペソ 協同組合農場　205ペソ
生産技術	化学肥料、農薬、灌漑施設、トラクター	有機農業、バイオ農薬、輪作
流通	国営のアコピオが輸出入と配給システムを管理し、店も運営	直売所、野菜スタンド、フェアなど多様化。国は配給システムとドルショップの運営
全輸出に占める割合	砂糖70%、柑橘類3%、タバコ2%	砂糖31%、タバコ14%、柑橘類3%
経済上の役割	労働者の25%、GDPの9%	労働者の24%、GDPの7%
外国の協力	ソ連の砂糖輸入や石油輸出は年間10億ドル相当	NGOの援助6700万ドル、IMFや世界銀行の援助はない
税制	販売税、所得税なし	累進課税、農民市場で課税
カロリー摂取量	2908 kcal	2585 kcal

（出典）オックスファム・アメリカの資料にもとづき、筆者作成。

新型国営農場は、新協同組合農場の創設後につくられた。農場は国が所有するが、生産者組合もつくられ、利益やリスクは国と組合が共有している。最低賃金は国が保証し、最終責任や経営は農場が行う。体制が整った段階で新協同組合農場へ移行させることが最終目的である。青年労働部隊は安い食料を配給用に生産するためのもので、国営セクターのなかではもっとも生産効率が高い。

このほか、国と外資系企業のジョイントベンチャーが、おもに柑橘類部門で設立されている。

②民間セクター

新協同組合農場に加えて、協同組合農場（CPA）、生産農家組合（＝信用・役務協同組合、CCS）、個人農家（土地所有および土地賃借）から成る。

協同組合農場は、農地や生産資材を協同で所有し、協同で農作業を行って、生産性や効率性を高める目的で七七年に誕生した集団農場である。農地、森林、作物、家畜、農機具、住宅その他の生産資源は組合に属する。組合員の自発性にもとづいて設立され、定款をもち、組合員の意思に従って国から独立して運営される。経営は理事会と組合長が行い、理事や代表は総会で二年ごとに改選される。第4章で紹介するホルヘ・ディミトロフ農場やヒルベルト・レオン農場がこれにあたる。日本でいうと、農業協同組合というよりも農業生産法人がイメージとして近い。

二〇〇〇年には一一三三農場あり、一農場の規模は四〇〜三〇〇人、組合員数は約六万人だ。面積は約七一万haで、全農地の約一〇%を占める。八〇年代には組合員の平均年齢四一歳だったが、収入や食料条件がよいことから、新規参入メンバーが加わり、若返りが図られている。

生産農家組合は、代表が選挙で選ばれ、利益を組合員間で分配する点では協同組合農場と変わらないが、よりゆるやかな協同組織である。資金や資材などは協同で対応するものの、受けるサービスはわずかで、実質的には独立した農家から成る。農地も各個人が管理し、構成員数は一〇～四〇人と小さい。二〇〇〇年には二五五六組合あり、組合員数は約一六万人、農地の約一五％、一〇一万haを耕作している。八〇年代には平均年齢五〇歳と高めだったが、協同組合農場と同じく若返った。

キューバでは最近、改めてこの生産農家組合が関心を呼び、増えている。というのは、個人農家は、国営農場だけでなく、協同組合農場や大きな成果をあげた新協同組合農場よりも、さらに生産を伸ばしているからである。国は、農場の近代化や組合員の生活水準の向上のために、資金や資材の援助、農産物の購入を行い、協同組合農場を強力に支援してきた。ところが、全国小規模農業協会（協同組合農場、生産農家組合、個人農家が加盟）によると、その黒字額はわずかである。九九年の統計では、生産農家組合を含めた個人農家がタバコの八六％、ココアの五六％、トウモロコシの六八％、豆類の七三％、根菜類の四七％を生産している。

そこで、全国小規模農業協会は九八年から、生産農家組合を経営面で強化するプログラムを始めた。管理人や市場出荷するための責任者を雇い、資金を調達したり組合員が協同でプランを立てるために、銀行口座を開けるようにしたのである。トレーニングを受け、改革された組合は、「強化組合」と称される（二〇〇〇年四月時点で、約四割の九九一組合）。強化組合は、農業機械を国庫補助を受けて所有でき、それを会員にリースする。また、流通機構を通さずに組合員の農産物を直販して利益があげられる改革も行った。こうした政策は、日本の認定農業者制度とある意味では似ていると言えよう。

3 広がる都市農業

◆非常事態下で始まった都市農業運動

新協同組合農場の創設と並ぶ大きな改革は、都市農業の誕生である。石油ショックで交通事情が悪くなるなか、食料危機の直撃をもっとも被ったのは、国民の約八〇%を占める都市住民だった。そして、そこで彼らが選択したのは、都市を耕すことだった。

カストロは九一年、「(都市において) わずかな土地でも耕さずに放置してはならない」と発言し、都市の自給化に力を入れていく。九五年に開催された軍関係の会議の閉会演説では、弟のラウル・カストロ第一副首相兼国防大臣が「食料生産がわれわれの第一の仕事である」と主張。軍が必要な食料を自給し、余剰が出れば市民に提供することとなった。[7] キューバの都市農業は、非常事態の下で緊急的に始まったのである。

経済危機以前は、首都ハバナ市をはじめとして、都市農業はほとんど存在していなかった。だが、一〇年も経たないうちに、世界的にも最大級の存在に発展していく。

ハバナ市内では、農業を行うスペースがほとんどない一地区を除いて、ほぼ全市で耕されている。とりわけ盛んなのは、「ハバナのグリーンベルト」と称される八つの周辺地区だ。地区によっては、食料の三〇％を自給しているという。小規模農家や市民農園を含め、総耕作者は三万名、八〇〇〇を超える耕作組織が育成され[8]、二〇〇〇年の野菜生産量は一二万トンにも及ぶ。それも完全有機無農薬で、農薬は使用しないように取り決められている[9]。

その中心は第１章で紹介したゴンサレスさん夫妻のように新たに農業を始めた小規模農家だが、担い手はそれだけにとどまらない。市民農園、個々の職場ごとにつくられた自給農場、国営企業や国営農場での生産も活発だ。もともと軍が積極的に取り組み出しただけあって、軍の直営農場もある。ありとあらゆる個人や組織がよってたかって取り組んでいるというのが実情だ。ここではハバナ市を例に、市民農園、小規模農家、自給農場について紹介しよう。

◆市民農園の面積は東京都内の市民農園の三三倍

一般市民の間でもっとも普及しているのは、ウエルトス・ポプラレスである。ウエルトスは「畑」、ポプラレスは「大衆」を意味するスペイン語で、いわゆる市民農園といってよい。九一年一月にハバナ市でスタート。その後、他の都市でも推進され、増え続けている。九七年末にはハバナ市全域で二万六〇〇〇区画、のべ二〇〇〇ha に達し、全市の生産量の二割に当たる一万六〇〇〇ト

都市内の空き地を農園として活用。Acelga はフダンソウのこと（撮影：金子美登）

ンの野菜や果樹、畜産物を生み出した。九九年には面積が二四三八haに増え、二万五〇〇〇トンを生産しているという[10]。

ハバナ市の面積は七万二七〇〇ha、農地（牧草地を含む）は約三万haあるから、市民農園は面積の三・四％、市内農地の約八％を占めることになる。ちなみに、市民農園整備促進法と特定農地貸付法にもとづいて開設されている日本の市民農園は、二〇〇〇年度末で全国に二三一九カ所、六九六haしかない。東京都内では四四二カ所、七三haにすぎないのだから[11]、どれだけハバナ市の面積が広いかわかるだろう。

一万八〇〇〇人もの市民が耕す市民農園の広さは平均一三・五a、数㎡から三haと場所によって相当な幅がある。参加者は、面積に応じて一人〜七〇人。大区画は各世帯用に小さく分割されている場合が多いが、数世帯で共同耕作したり、コミュニティグループが運営していることもある。デイケアセンターや学校に属しているケースもあり、地区の状況によってさまざまだ。

市民農園の多くは遊休地を活用しているが、ごみ捨て場や駐車場を転換した場所もある。一五五ページで詳しく述べるように、市民が耕作する場合は無償で土地が入手できる制度が確立されている。多くはこうして取得されており、ほとんどが歩いて通える範囲に位置している。

耕作者の中心は定年退職した五〇～六〇代の男性だが、女性や子どもの参加も多い。国内で最大のオルガノポニコ、ラス・マリアナスはキューバ女性連盟（Federation de Mujeres Cubans,一四歳以上の女性の八割が加入する、女性の地位向上や男女平等を進める組織）が組織し、一四〇名もの女性が働いている。伝統的に農作業は男性の仕事とされてきたが、都市農業では女性の活躍が目立つ。市民農園の登場は、男女の役割分担にも変化をもたらしたといえるだろう。

農作物は自給用が中心だ。一般的なのはバナナ、キャッサバ、玉ネギ、トマト、ピーマン、パパイヤ。香辛料や医療用のハーブも育てられている。雑草は手でむしり、除草剤は使わない。化学肥料も使わず、鶏糞や牛糞、家庭の生ごみ、ミミズ堆肥が活用されている。熱帯の強い日差しとスコールによる土壌流出を避けるため、日陰をつくるキャッサバを植えたり、地表を覆うサツマイモを作付けしたり、窒素を固定する豆科作物を加えるなどの工夫も盛んだ。

研究報告によると、市民農園を通じて得られる平均所得は、一〇aあたり一カ月二三・五ペソ、十分な灌漑施設が整っている場合は三四・四ペソという。総所得はハバナ市全体で、年間六八八万ペソ（三四万四〇〇〇ドル）、さらに改善されれば一〇〇七万ペソ（五〇万三五〇〇ドル）にまで及ぶと期待されている。[12]

◆大学教授から小規模農家へ

ハバナ市内にはグリーンベルト地帯を中心に約二二〇〇戸の小規模農家があり、市内で生産されるほとんどの品目を作っている。農地の多くは借地だが、市民農園と同じく、きちんと生産しているかぎり、税金の支払いは求められない。[13]

以前から農業を営んできた農民もいれば、経済危機を契機に新たに就農した人びとも多い。たとえばボジェロス地区のある小規模農園は、トラクターの運転をしていた農業省の職員が遊休地を借り受けて始めたものである。インターネットでは次のような記事も読める。[14]

「エリベルト・ガラートさんは、ハバナ大学で教育学の教鞭をとっていたが、都市農家に転身した。『教授の給料では日常生活の出費さえまかなえなくなったので、仕事をやめたのです』と語る。住宅地区にある以前はごみ捨て場だった八〇aほどの土地を使う許可を九四年に得て、有機農業で約二〇種類の野菜やハーブを生産している。

『家族も私も以前よりずっとよく暮らせているし、隣近所の人たちも安く食べ物を得られます』

畑のそばにあるスタンドで、穫れた野菜を販売している。値段は直売所の七割程度だが、稼ぎは小さくはない。いっしょに働くメンバーを含めて、月あたり五五〇ペソを得ている。キューバの平均賃金の二倍以上である」

もちろん、農業を始めるにあたって、農業省の普及機関が農具や種子、その他の資材を提供し、支援したことは、言うまでもない。

◆学校や職場の自給農園

キューバでは朝食を食べる習慣がほとんどなく、昼食が主体である。経済危機までは、大半の職場が労働者に無料の昼食を提供してきた。輸入食料や農村から買い付けた食材を利用していたが、配給と同じくこのシステムも危機に陥ってしまう。そこで、工場、研究所、学校、病院などの食堂に食材を供給するために、施設内か歩いていける範囲内に自給農園が設けられる。

九八年には、ハバナ市に三七六カ所、六三六五haの自給農園があったという[15]。生鮮野菜、根菜類、食用ハーブ、果樹など、各職場が必要な作物が栽培され、十分な広さがとれる農園では鶏や豚も飼育されている。乳牛を飼う自給農園すらある。九七年には昼食用に八三五万五〇〇〇個の卵と、一三九万ℓの牛乳、二四〇トンの肉類を生産した。

実は、自給農園は経済危機の前から存在していた。国民の主食を輸入に依存する状況を憂慮した農業省は八九年、農業を多様化し、国内の食料生産を増加させるべく、「食料計画」を打ち立てる。そして、とりわけ需要が大きいハバナ市の自給率を高めるため、周辺地域のサトウキビ畑二万haで野菜を生産するとともに、食料を増産するための自給農園づくりが学校や職場で促進された。しか

農業省の裏庭も自給農園になっている

し、軌道に乗る前に未曾有の食料危機を迎えてしまったのである。

自給農園での農作業の分担は、職場ごとに決められている。専従の担当者を職場から選出するケース、ボランティアを募って希望者を組織化したり、全従業員で作業を分かち合うケースなど、さまざまだ。ある自給農園では、全従業員が毎週二時間ずつ農作業を行うように決めているという。ちなみに、農業省にも自給農園がある。農業省を訪れたとき、本省の裏庭が畑になっているのに驚かされたが、「隗より始めよ」と職員自らが率先して、芝生を開墾。レタスや豆を作付けし、自分たちで草をむしり、水をやっている。

最近では、緑化作業などの経験をもつ人材をパートやフルタイムで雇用するケースが増えてきた。土壌や作物の専門知識をもつ担当者を置いたほうが農産物の質がよくなるし、生産性も向上するからである。二〇〇〇年は二九二カ所、三〇八六haで、九六年と比べると数は約四分の三、面積では約半分に減ったが、一haあたりの生産量は三四〇〇kgから六一〇〇kgと二倍近くになっている。[16] 農業省の畑で働いているおじさんに声をかけたときも、こんな答えが返ってきた。

「私らは、農業省の職員に野菜を提供するため、二名で仕事しています。事務作業はしないで、畑の管理を専門にやっています。このパセリに似たペレヒデという野菜は鉄分が多いので、血行をよくしますよ」

市民農園や小規模農家と同じく、自給農園で働く人びとの給料も高い。たとえば、ボジェロス地区の国営バイテクセンターにある自給農園は八人で運営され、各メンバーが毎月二二五ペソの基本給を得ている。毎月、全経費と基本給を差し引いたのち、純収益の半分は職場、残りは労働者間で分配する。分配にあたってはよく働いた上位三人が多くもらえるように取り決めた。九七年一二月の最高は八〇〇ペソだったという。

◆土地と技術と種子を連携プレーで市民たちに提供

都市農業プログラムが九一年一月にハバナ市でスタートした当初は、市民が庭先や裏庭、バルコニー、屋上で場当たり的に野菜を作る程度にすぎなかった。暗中模索で始められた都市農業が市民に十分な食料を提供するためには、難題がひかえていた。

まず、耕作地の確保。農業をやりたくても、中心市街地には空き地がない。庭がない市民が屋上菜園を始めようと思っても、建物が老朽化しており、屋上が重くなると倒壊する危険性があった。仮に空き地があったとしても、コンクリートでおおわれていたり、ガラスの破片が散乱していたり、ごみ捨て場となっていたり、雑草が生い茂っていた。

次に、園芸に関する知識の乏しさ。市民の間に、ホウレンソウやレタスを食べる習慣がなく、栽培経験もなかった。農村出身者はいても、旧ソ連式の大規模近代農場での経験は、多品目少量栽培の都市農業には役立たない。

さらに、種子をどう見つけるかも問題だった。革命後もモノカルチャー農業が推進されたため、本来なら豊富にあるはずの野菜や果樹の種子がほとんど失われていたのである。グァバやパッションフルーツのような熱帯果物の種子さえなかった。

どれをみても厄介な課題である。これらをどう克服したのだろうか。答えを先に言ってしまえば、土地政策、技術普及や啓発、生産グループの組織化といった支援策を総合的に実施したのである。

①耕作地の確保

政府が最優先したのは、耕作地の確保である。耕作を条件に、都市内の遊休国有地を無償で市民へ貸与する制度を九三年に発足させたのだ。九四年四月には、農業省の特別組織として「都市農業グループ」を設立し、民有地を含めて都市内の遊休地を農園として活用するためのプログラムも始まる。これにともない、土地利用計画上も農業が最優先されることとなった。

農業を始めたい市民は、人民評議会（コンセホ・ポプラール）に出向き、希望する土地を申請する。人民評議会は、地区住民と各地区との橋渡しを行うため九一年に新たに創設された、草の根レベルの行政府である。ハバナ市の一五地区は一〇一の人民評議会からなり、うち六七が都市農業の振興に積極的にかかわっている。

申請を受けると、人民評議会の代表たちが適当な土地を斡旋すべく、地権者と土地貸借の交渉を行う。地権者が自ら耕作を希望すれば半年間の猶予期間が与えられるが、半年たっても遊休化させたままの場合は、利用権が希望者へ移行する。すると、今度は借りた市民に耕作義務が課せられる。やはり半年間遊休化させておくと、土地は再び地権者に戻るか、別の希望者へ斡旋される。

都市農業グループは各地区ごとに一五の出先機関をもっているが、より基礎的な行政機関である人民評議会にキューバ版「農業経営基盤強化促進法」ともいえる利用権の設定権を委ねたことにより、土地の利用調整が速やかに進んだ。そして、ごみ捨て場となっていたり遊休化していた土地が、次々と野菜畑へと転換していった。

②技術の普及

第2章で紹介したような微生物肥料やバイオ農薬の利用、輪作・混作は、都市農業においても進められている。オルガノポニコの活用も盛んだ。それらの普及にあたるのがコンサルティング・ショップと呼ばれる農業資材店や普及員である。

二〇〇二年現在、ハバナ市内にはコンサルティング・ショップが四八店舗設置され、種子や農機具を販売するとともに、新たに農業を始める際の手助けをしている。病害虫防除のアドバイスを行うモデル展示圃や園芸相談所、家畜のクリニックも設置された。第2章でも紹介した天敵を生産するバイオ農薬生産センターは、一一カ所にある。

一方、都市農業グループは、農業技術を市民に普及するため、専門家からなる普及チームを編成

表14　ハバナ市内で栽培されている作物

野菜	トマト、ナス、キュウリ、ピーマン、カボチャ、オクラ、トウモロコシ、ダイコン、キャベツ、ホウレンソウ、レタス、玉ネギ、セロリ、フダンソウ、ニンニク、ビーツ
イモ類	キャッサバ、サツマイモ、タロイモ
果樹	アボカド、アノン、オレンジ、グァバ、グレープフルーツ、ココナッツ、タマリンド、チェリモヤ、パイナップル、パッションフルーツ、バナナ、パパイヤ、ブドウ、マメイ（オオミアカテツ）、マンダリン、マンゴー、ライム
豆類	大豆、赤豆、黒豆、鳩豆、落花生
その他	米、サトウキビ

（出典）Catherine Murphy, *Cultivating Havana : Urban Agriculture and Food Security in the Years of Crisis,* Food First, 1999.

した。農業が盛んな一三地区にある六七の人民評議会ごとに、一人ずつの普及員が駐在している。普及員は、徒歩や自転車やバスで担当地区内の小規模農家や市民農園を訪れ、生育状況や病害虫の種類を調べたり、微生物肥料やバイオ農薬の配布、土地の斡旋への協力など、農業全般にわたる支援を行う。こうした普及員を技術面・物資面で支援しているのが、第2章で紹介した土壌研究所や植物防疫研究所と、コンサルティング・ショップである。各機関は連携してセミナーやワークショップを開催し、受講者は三万人を超えたという。

③種子の確保

在来品種を復活するとともに、新たな品種を導入する必要があった。セミナーやワークショップを通じて、農村に残っていた種子を見つけ出したり、自家採種で増やす方法を教えるなど、運動を通じて品種の多様化が進められている。ハバナ市内で栽培されている作物は、表14のようにきわめて多種類に及ぶ。

◆コミュニティの活性化と雇用の確保

食料の確保に加えて、都市農業が果たしている大きな役割が二つある。

一つは、地区コミュニティの維持と強化である。深刻な経済危機の間、ともすれば荒廃しがちな人びとのモラルを支え、コミュニティを結びつけるうえでの鍵となった。普及員は技術指導だけでなく、生産者の組織化や新しく農業を始めた人たちをまとめる中心でもある。

たとえば、市民農園参加者がつくる団体に「園芸クラブ」がある。地区ごとに二〇人程度で結成され、参加は義務ではないが、多くが加入している。定期的に会合を開き、種子、農機具、肥料、バイオ農薬などを交換し合うほか、アイデアや情報を交換する。普及員は園芸クラブを通じて情報を提供することが多いという。ある普及員は「運動を維持するには文化の創造が重要である。園芸クラブはその努力をしてきた」と述べている[17]。

また、都市で羊、山羊、豚、ウサギ、牛などを飼育する市民による「牧畜クラブ」もある。一般農家だけではなく、こうした市民に対しても、畜産生産協会や畜産事業団が技術支援を行っている。日本の感覚からすれば、市街地で山羊や牛を飼育するのは奇異に感じられるが、キューバではすでに述べたとおり子どもたちへのミルク配給を重視しているため、都市内での畜産が欠かせない。

もう一つは、雇用面での貢献である。食料不足のなかで、新たに専業的な農業につく市民たちが増えてきた。二〇〇一年現在、全国で約二〇万人もが都市を耕しているという[18]。労働条件は厳しいなりつつある。

が、平均の三倍以上の所得が得られることも少なくなく、収入面からも都市農業は魅力的な職業と

◆都市農業は後退しない

経済危機を契機に誕生したキューバの都市農業について、食料事情が改善されれば消滅するのではないか、と考える人も少なくない。フード・ファーストのキャサリーン・マーフィさんが九八年に行ったインタビューで、アクタフのエヒディオ・パエスさんも不安の声を漏らしていた。

「経済と食料事情が改善されれば、化学農業が復活したり、外国からの食料輸入が増えて、都市農業への支援が後退するのではないでしょうか[19]」

しかし、こうした予想や懸念とは裏腹に、経済が回復しつつあるなかでも都市農業は拡大していった（表15）。耕す市民の腕はあがり、生産量とあわせて品質も高まりつつある。二〇〇二年に筆者が聞いた際、エヒディオさんは「灌漑施設が整ってきたので、去年の倍も生産性が高まりました。今年はもっと多くの野菜を市民に提供できるでしょう」と誇らしげに語った。

いまのところ、キューバ政府は都市農業を後退させる意志はなさそうだ。九九年にNHKの一瀬卓氏が行ったテレビインタビュー（四月二日放映）で農業省のレオン国際局長は、「経済危機から生まれた都市農業だが、いまや後戻りすることはあり得ない」と答えている。筆者が二〇〇〇年五月に尋ねたときも、次のような回答が返ってきた。

表15　都市農業による野菜生産量　（単位：トン）

	1998年	1999年	2000年	2001年（計画）
ピナール・デル・リオ州	25,981	73,010	129,212	154,000
ハバナ州	52,523	88,906	157,692	154,000
ハバナ市	50,153	70,203	120,514	132,000
マタンサス州	32,729	59,216	100,084	144,000
ビヤ・クララ州	37,407	65,664	116,429	154,000
シエンフェーゴス州	37,105	63,246	120,690	144,000
サンクティ・スピリトゥス州	40,115	60,917	107,899	144,000
シエゴ・デ・アビラ州	27,904	58,812	112,638	144,000
カマグェイ州	52,486	76,586	114,218	144,000
ラス・トゥナス州	18,443	36,952	96,572	132,000
オルギン州	25,602	58,337	144,205	154,000
グランマ州	21,920	56,103	120,966	154,000
サンティアゴ・デ・クーバ州	24,764	47,909	130,864	144,000
グアンタナモ州	30,215	55,641	96,882	137,000
青年の島	1,971	4,629	11,980	15,000
合計	479,318	876,131	1,680,845	2,050,000

（出典）Grupo Nacional de Agricultura Urbana, *Lineamientos para los Subprogramas de la Agricultura Urbana,* Ministerio de la Agricultura, 1999, 2000, 2001.

「都市ではそれまで一切、農業がなかったのです。いまでは野菜だけで一七〇万トンもの生産をあげています。これからも続けたい。ハバナ市内だけで大きな生産地が約二〇カ所もあります。必要に迫られて誕生したものではありますが、よいことだとわかったので、今後もっと増やしていこうと思っています。もっと、もっとです。猫の額ほどの広さであってもやっていきたい。なくすつもりはありません」

4　新規就農者と個人農家の育成

◆有機農業の鍵となる新規就農者

大規模農場の解体と新協同組合農場の創設は、「帰農運動」もともなう。農村の過疎化と都市の膨張は全世界に共通する現象だが、キューバは都市から農村への移動という、逆流を引き起こそうとしている。

キューバでも革命後、急速に都市化が進んだ。教育が普及し、経済が成長して雇用機会が増えると、他の国ぐにと同じように、若者たちは農村から都市へ向かった。労働力が不足すれば、農業の機械化を進めなければならず、機械化が進めば人手はいらなくなる。この悪循環で、農村からの人口流出が続いた。五八年には人口の五六％が農村地域に居住していたが、八九年には二八％へと減り、九〇年代なかばには約八割が都市に居住するに至ったのである。

だが、石油不足でトラクターが動かなくなり、牛や人力に頼らざるを得なくなると、農村はたちまち労働力不足に陥った。有機農業は近代農業と比較すると手間がかかる。天敵による病害虫防除や微生物肥料など、バイオテクノロジーを活用した省力型の農法もあるとはいえ、全体的な労働力不足は否めない。それが有機農業を進めるうえでのネックにもなった。

政府は九六年一月に「一二万戸の住宅を新たに農村に建設するべきだ」という声明を発表。都市住民が帰農して、農村に定住するように、魅力的な高級住宅や娯楽センターの建設を優先した。経済危機にともなう資材不足で建設が遅れてはいるが、長期的にはスポーツ・レクリエーション施設と病院を備えた数万人規模の農村都市を三一も建設しようという壮大な構想である。

新協同組合農場でも、労働力は不足気味だ。これも住宅不足と関連している。快適な住宅が整備されなければ、労働者が定着せず、短期雇用者に頼らざるを得ないからである。組合員の住宅は新たに二万戸が必要だが、一万戸が不足しており、目標が達成できるのは二〇一〇年ごろとされている。

新規就農者の育成のために、住宅に加えて農地や資金が必要だという点では、キューバも日本も違いはない。農地については、新規就農者向けの制度が整えられてきた。

九三年一〇月から、定年退職者を含めて農地をもたないサラリーマンに対して、国営農場の農地を自給用に一人あたり二五ａ貸す制度が発足したのである。自給したいという市民の要望は大きく、制度はいわば無断使用の状況を追認するようなものだったが、わずか数カ月間で五〇〇〇件もの土地貸与が行われたという。四年半後の九八年四月には、この制度を利用して四万五八〇〇人もが耕すようになった。都市部でも九七年に、自給用に一人あたり約一三ａの土地を貸し出す制度が発足した。九九年一二月には、一九万人がこうした土地を借り受けていたという。

一方、九三年初めには、換金作物であるコーヒー、タバコ、ココアの生産を奨励するため、個人がこれらを生産する場合に限り、二七haまでの農地を無期限で貸し出す制度が発足していた。全国小規模農業協会のオルランド・ルゴ・フォンテ代表によると、この制度により早くも九五年には、ピナール・デル・リオ州で約六〇〇〇家族が一万二〇〇〇haをタバコ生産のために借りたという。コーヒーについても約四三〇の都市世帯がサンティアゴ・デ・クーバ州を中心に移住し、さらに約二六〇〇の貸借申請があったそうだ。

過疎化が進んだ山岳地域での小規模なコーヒー生産を奨励するために、「トルキノ・プラン」と呼ばれるプロジェクトも始められた。カストロが革命の火の手をあげたシエラマエストラ山脈の最高峰トルキノ山にちなんで命名されたこのプランは、兵役を免除する代わりに農作業を義務づけるというものである。ただし、キューバが人間的なのは、この計画にはボランティアの女性も含まれていることだ。義務を終えた若者たちが農村で家庭をもち、定住することが期待されているのである（現在は行われていない。同州だけで五〇〇〇人以上が山岳地に新規就農したためである）。

こうした制度によって、コーヒーで五万八〇〇〇ha、タバコで四万二〇〇〇haが新規就農者によって耕されている。

◆農業をもっとも魅力ある職業に

八九年以降、新たに新規就農者が借りた農地はのべ一七万haにも及ぶ。その多くは、大学卒の若者などインテリ階層、早期退職者、農業関連産業からの転職である。何万もの家族が都会を離れ、農村で農業を始めている。全国小規模農業協会の会員数も、九七年から二〇〇〇年の三年間で三万五〇〇〇人以上も増えた。この背景には、食料不足に加えて農業が儲かる職業となっていることがある。

レオン国際局長は、革命後のキューバは農業・農村を重視してきたという。

「農家がよりよい待遇を受けることに力を入れてきました。小学校も、山岳地域からつくりました。ファミリードクターという医療制度を充実させたのも、農村からです。破傷風にならないための予防注射も山のほうから進めて、最後に市街地で実施しました。でも、いくら条件を整えても、収入が低ければ都市へ出てしまうのです」

カストロ政権は革命後、直ちに農地解放を行うとともに、農村のインフラ整備に全力を注いだ。農道が敷かれ、電気や水が供給され、土をとおして寄生虫が伝染病を媒介しないように土間にはセメントが打たれ、配給を通じて食料が供給された。栄養失調をなくすため、子どもや女性、老人には無料のミルクが配られ、診療所、マタニティセンター、老人センターも充実させていく。

だが、居住環境は整えられたとはいえ、農業が儲かる職業であったかというと、そうではなかった。日本のかつての米と同じく、農家は自由に農産物を販売できず、政府の買入れ価格も安かったからである。経済危機のなかで、この農産物価格政策が転換していく。

カストロは九一年に開かれた第五回農林業技術会議で「われわれは農業を、もっとも称賛され、魅力的な職業のひとつに転換しなければならない」と主張した。再びレオン局長の話を聞こう。

「農業をやる人ができるだけ高い収入をあげられるための条件を整えることが大事ですし、それなくして有機農業の成功もあり得ないと思います。他の国では農家を支援するというポーズだけで、実際には農民を買い叩き、豊かな生活を送っている人たちがいますが、キューバでは農民の暮らしを豊かにすることにポイントを置きました。いまでは、大臣よりも百姓のほうが収入が高いのです。それは当然だと思っています。なぜなら、農業は毎日の仕事であり、今日やって明日はやらないというように、手を抜けないからです。とても大変な仕事であり、健康でなければできません」

では、なぜ農家が豊かになれたのだろうか。

5　流通の大胆な改革

◆自由販売が始まった

アクタフのエヒディオ・パエスさんの案内で、ハバナ市内にある農産物直売所のひとつを訪ねてみた。日曜日の早朝だというのに、黒山の人だかりである。狭い店舗の中には、肉、野菜、果物、そして花までもが所狭しと並べられ、隣の人の話声が聞き取れないほどの熱気があふれている。

「農地改革に続く大きな改革は、農産物の自由販売を認めたことです。九四年一〇月一日にスタートした制度で、小規模農家や新旧の協同組合農場が農産物の一定の割合を自由に販売できるようにしました」

レオン国際局長が言うように、九四年九月一九日に直売所の開設法（法第一九一条）が国会を通過し、一〇月から全国一二一カ所で直売所（市場）がスタートする。あわせて、各農家の自由販売も認められた。オープン時の模様はインターネットでこう描かれていた。

「各直売所に一四九一人の販売員が待機していた初日、何千何万という消費者が押し寄せた。なかには、前夜から店が開くのを待っていた客すらいた。わずか二日間で販売総額は一四五〇万ペソ、一五日間では六二〇〇万ペソにもなる。慣れないこともあって、品ぞろえは雑然としていたが、保健所員が同行し、肉類の衛生管理は万全だった。初日に並んだ農産物は国営農場や青年労働部隊による出荷が大半で、個人農家のものは少なかったが、その割合は二週間で逆転する。また、初日は根菜類が七割近かったが、個人農家の出荷が増えるにつれ他の野菜や豆と品目が増えていく。豚肉は高額でも人気が高く、量的には三％にすぎないものの、販売額では三〇％を占めた[20]」

一一月一七日の国営新聞『グランマ』は、開設以来の総販売額は、「一億八七〇〇万ペソとなり、一一月には平均で毎日四七〇万ペソの売上げ」と報じている。年末には、累積売上げは四億六八〇〇万ペソに及んだ。販売にともなう税収は、四七〇〇万ペソである。

すでに述べたように、農産物の販売が自由化されるまで、基本食料は低価格で配給されてきた。配給を担ってきたのは、国営の流通機関「アコピオ」である。八〇年から八六年にかけて一時的に開設された農民自由市場を除いて、自由な販売は認められず、アコピオ以外に販売先はなかった。

ハバナ市内の直売所。市民の食卓に生鮮野菜が加わった

農民自由市場は農家の生産意欲の向上を目的とした消費者への直販だったが、コアとなる協同組合農場の生産者たちは販売自由化に反対し続ける。値段が高く、品数も乏しかったため、消費者にもメリットはなく、カストロも批判的だった。

新しくオープンした直売所のほとんどは、この農民自由市場があった場所に設置され、当時の設備が再活用された。以前は、中間搾取や不当な儲けを未然に防ぎ、かつ大都市への農産物の集中を避けるため、生産した地区内（市内）だけでしか販売できなかった。新しい直売所では、どこで売ってもかまわない。どこで売るかの判断は生産者が行う。

近くの直売所に出せば輸送コストはかからないが、ハバナ市など大都市のほうが高く売れる。出荷上の便利さから地元で売る団体もあるし、輸送コストがかかっても利益があがると判断するグループは大都市に運ぶ。

また、出荷を支援するため運輸省は、トラックが予定の仕事を終えた後には自由に貸し出せるようにした。国防軍の農場も空いた車両を民間に放出した。

当初、新旧の協同組合農場や個人農家からの出荷が少なかったのは、かつての農民自由市場閉鎖の経験から、躊躇していたためだった。しかし、こうした支援もあり、政府が本腰を入れていることがわかると、出荷量は増え、品ぞろえが充実していったのである。

◆直接放出制度から市場復活へ

経済危機が起こるまでは、毎週決められた曜日に協同組合農場や個人農家から野菜や果樹を直接購入する収集ポイントがつくられ、配送用のアコピオの冷蔵トラックや貯蔵施設も整備されていた。だが、この中央統制型の流通システムは、経済危機でゆきづまる。農場が出荷の準備を整えていても、燃料や車両の不足で収集車がなかなか収集ポイントへ取りに来ず、数時間どころか数日遅れる場合さえあった。

農業生産の落ち込み、流通システムのマヒ、協同組合農場や農家の出荷意欲の減退……。配給制度は危機に陥った。こうした状況を打開すべく、九〇年代初めに政府が試みたのが、ティロ・デレクト（直接放出）である。協同組合農場と中央市場や地方市場との間で協定を結んで、アコピオを通さず、生産者に直接流通の責任をもたせるようにしたのである。理論的には消費者の手元により早く届くし、生産者も流通経費が削減できる。試みはまず、ハバナ市とハバナ州でスタートした。

どだったという。

だが、情報周知が十分でなかったこともあり、当初から参加した協同組合農場はわずか一〇カ所ほどだったという。

ただし、こうしたやり方は他州ではすでに非公式に行われ、地方都市で消費者が農産物を得る大きな手段となっていた。とりわけ新協同組合農場が設立され、多品目少量生産へ変わると、大量生産向けのアコピオのシステムは対応できなくなっていた。国が指定した生産量を満たせない場合には、農家はアコピオが集荷に来る前に自分たちで出荷していたから、直接放出のメリットを多くの農家が感じていたのである。国は、この制度の拡充を検討せざるを得なくなる。

カストロは一貫して流通自由化に反対していたが、食料危機のなかではラウル・カストロが前面に出た。ラウルは九四年七月に「国民の食料需要を満たすことが第一の目的だ」と主張、同年九月一七日の『グランマ』のインタビューでは「国がいまかかえる最大の問題は、いかに自給するかだ。状況を緩和するため、直売所の開設を期待してよい」と語った。この数日後に開催された特別会議でも、次のように主張した。

「新たな直売所では、価格は需要と供給の法則に従うべきだ。体系的にこの政策を実施すれば、生産を大いに奨励する助けになるだろう」

かくして、直売所が開設されることとなったのである。

◆自由販売でやる気を出した生産者

ここで、ラウルが「価格は需要と供給の法則に従うべきだ」と主張した市場の仕組みについて、もう少し詳しく述べておこう。

農産物の自由販売を行えるのは、国営農場、新型国営農場、青年労働部隊、新協同組合農場、協同組合農場、生産農家組合、小規模農家、企業などの自給農場、市民農園や家庭菜園で農産物を栽培している個人など、事実上すべての生産者である。ただし、市民農園や家庭菜園を除いて、販売にあたっては代表責任者を選出しなければならない。

国営農場、新型国営農場、新協同組合農場、協同組合農場は、国に対する販売ノルマの達成が条件である。つまり、自由販売といってもすべてを販売できるわけではない。

新協同組合農場と協同組合農場は、あらかじめ政府と交わされた契約にもとづき、生産目標量の八〇%をアコピオに販売しなければならない。契約義務を果たさずに直売所で販売した場合は、満たさなかった生産量分を直売所での最高販売価格で支払うというペナルティが科せられる。

しかし、残りの二〇%は直売所や自ら設置した野菜スタンドで自由に販売できる。その価格は、品質の高いものを作れば高く売れるというように、市場原理に委ねられている。直売価格はアコピオの買入れ価格よりもはるかに高いから、組合員は契約量以上に、高品質の農産物を生産しようという意欲をもつ。

さらに、政府はアコピオの契約価格そのものもアップさせた。全国小規模農業協会のルゴ代表はこう語る。

「九九年のキャッサバの政府契約価格は三倍に、それ以外の根菜類も倍以上に上がりました。マランガ（里イモ類）はほとんど畑で作られなくなっていましたが、買入れ価格が上がると、生産への意欲が高まったのです」

加えて、税制上の工夫もこらされた。直売所は基本的に誰でも自由に参加できるが、販売額の一五％を納税しなければならない。しかし、人口が多く消費需要が大きいハバナ市とサンティアゴ・デ・クーバ市では、この税率を五％と低くして、農業者の利益が大きくなるようにしたのである。ハバナ市は高所得者が多いため、農産物価格が高い。当然、農業者にも魅力的で、都市への出荷を促すこの減税政策はうまくいった。ハバナ市内の直売所の総販売額は全国の六四％を占めている。

◆農家所得の向上と伸びる生産

直売所のオープンから約半年間は、直売所での販売は人びとに分配される農産物と比べてわずかにとどまっていたし、闇市用にストックされていた根菜類がおもに出荷されていた。制度ができても、多くの農場に直売所へ出荷するゆとりがなかったからである。九四年の根菜類や野菜の生産量は前年より一六％も落ち込み、全体の農業生産量も四％低下していた。経済危機の打撃は大きく、農村は疲弊しきっており、一夜での回復は見込めなかったのだ。

しかし、その後は生産は次第に伸びていく。直売所の野菜や肉類の販売額は確実に増加し、九六年には前年より二〇％も伸びた。当時、農業省の副大臣は「市場のインセンティブにより、作付けをする生産者が増えています」と直売所の成果を高く評価し、全国小規模農業協会のルゴ代表も「直売への参加で、国立銀行からの借金を返せる協同組合農場もあるでしょう」と語った。

現在、多くの協同組合農場ではノルマとなる政府との契約の倍以上を生産し、契約量だけを政府に納入していたときに比べて、三〜四倍の利益を出すようになっている。組合員の所得は激増した。たとえば、協同組合農場の平均月収は二〇五ペソだが、多い組合では五〇〇ペソを超えている。

すでに述べたように、キューバの平均月収は一八〇ペソ。清掃作業のような単純労務は八〇ペソ、教員が一八〇ペソ、大学教授のような専門職でも三〇〇ペソにすぎない。ハバナ市の都市農業グループのエウヘニオ・フステル長官は、こう語る。

「農業は、キューバでもっとも収入が高い職業になった。以前に農村を出ていった若者が、いま手助けのために戻ってきている。農業を価値があり、かつ経済的にも魅力的な職業と見ているからである[21]」

生産の伸びに並行して、直売所の数は増えていく。九五年三月には全国で二一一、ハバナ市で二九となり、九八年の春には三〇〇以上、ハバナ市だけで約六五にも増えた。総販売量は六〇万トン、販売額は四四億ペソとなった。

もちろん、売上げの増加は政府にとっても喜ばしい。税収を増やし、財政赤字の引下げに寄与するからである。

◆闇市の追放と価格低下に成功

直売所は、生産者だけでなく消費者にとっても大きなメリットがある。直売所開設のもうひとつの目的は、闇市より低価格の農産物を地場流通させて法外な闇市価格を低下させ、低所得層を保護することだった。

国内生産の落ち込みと輸入の減少で、配給される食料は日に日に減っていく。二一ページでも述べたが、九四年の一カ月一人分の米の配給量は二・四kgで、豆ご飯やスープに必要な赤豆が八四〇g。砂糖は生産国だけあって二・五kg提供されていたが、豚肉は皆無で、タンパク源としてはわずかな鶏肉や魚のほか、卵が週に二つあればよいほうだった（ジャガイモ、キャッサバ、玉ネギ、バナナなどは配給されていた）。

配給による食料の充足率は五〇％まで下がり、残りは闇物資に頼らざるを得ず、その値段は目が飛び出るほどになる。九一年から九三年の闇市の平均的なインフレ率は七〇〇％、鶏肉、豚肉、卵、調理油などでは一〇〇〇％にも及んだ。九四年六月には、配給では米一kgが〇・四ペソなのに、闇市では一一〇ペソもしたという[22]（ただし、一一〇ペソというのは政府の資料にある価格で、ここまで高くなかったという市民の声もある）。

また、闇市では、九四年なかばからドルしか利用できなくなった。したがって、外貨を持てない

表16　全国の直売所と闇市の平均販売価格の推移（単位：ペソ／kg）

	闇市	直売所（94年11月）	直売所（95年11月）
米	99.1	20.7	17.0
豆	66.1	37.4	25.1
キャッサバ	13.2	3.3	3.5
タロイモ	33.0	15.4	12.3
ニンニク	66.1	45.8	46.7
豚肉	165.2	85.7	79.1

（出典）Jose Alvares and William A.Messina, *Cuba's New Agricultural Cooperration and Markets,* 1996.

市民は、買物ができない。政府の公式な交換レートは一ドル一ペソだったが、闇市レートでは九四年七月に一二〇ペソにまで高騰した。食料危機を打開するためにも、闇市価格の引下げは急務だったのである。

直売所がオープンし、配給よりは高いとはいえ闇市価格よりも格段に安く売り出されると、農産物価格は劇的に落ちていく。表16は、一kgあたりの価格の推移である。米が六分の一、豆が五分の二、豚肉が半額程度と、大きく価格が下がったことがわかるだろう。

そして、直売所の開設により、食料をペソで買えるようになったことも大きい。また、ドルの交換レートは、九六年春には二一〜二三ペソまで下がった。

◆社会的弱者に配慮した、ゆるやかな自由化

だが、問題も残されている。ハバナ市を例にとると、配給は消費カロリーの六〇％、職場の食堂や学校給食で提供される食事も八％をまかなっているにすぎない。これは、カロリーの三二％を直売所や市民農園や家庭菜園から得なければならないことを意味する。

下がったとはいえ、競争相手が少ない売り手市場であるため、直売所の価格はいまだに高い。直売所には貴重な意義があるが、低所得世帯にとっては購入費が大きな負担となっている。国がいまだにアコピオの配給システムを廃止せず、直売所と並置しているのは、配給を通じて低所得者に安く食料を提供したり、病院やデイケアセンターへ適切に配分するためである。

直売所に出荷される農産物の九六年のシェアを見ると、個人農家が七〇%、国営企業が二六%で、協同組合農場は一・九%、新協同組合農場は一・七%にすぎない。国営企業の割合が四分の一もあり、新旧の協同組合農場が少ないのは、それらの生産物をあらかじめ政府が購入し、国営農場を通じて直売所に安く供給しているためである。配給だけで十分な需要を満たせない代わりに、低価格の農産物を提供することで、直売所の販売価格を引き下げようと政府は努力している。

また、政府は市内の広場などで行う月ごとの農産物フェアも始めた。この場合も国営農場が安く供給し、直売所の価格を下げることを狙っている。直売所よりもはるかに安い価格で農産物を供給する都市部の自給農場やオルガノポニコの野菜スタンドが果たしている役割も大きい。政府が都市農業の育成に力を入れている背景には、こうした理由もある。

なお、自由化されたとはいえ、すべての農産物が直売所で販売できるわけではない。たとえば、カロリー源として重要なジャガイモは自由販売できない。トラクターの代わりとなる牛の肉や馬肉、牛乳と乳製品の販売も禁じられている。輸出品であるコーヒー、タバコ、ココア、ハチミツも認められていない。

直売所や野菜スタンドのように農産物を売る新たなチャンスが増えれば、生産の動機づけにつながる。だが、無制限な自由化が進められれば、もっとも打撃を受けるのは所得が低い母子家庭や平均賃金の六割しか所得がない年金生活者である。それゆえ、社会的な弱者を保護するために、国家統制とのバランスをとりながら、規制緩和による経済の活性化を慎重に進めている。

そして、キューバ人たちに感心させられるのは、利益だけを求めてはいないことだ。収穫した農産物をすべて販売すれば、大きな利益をあげられるにもかかわらず、ハバナ市の新旧の協同組合農場、都市農家、市民農園の八〇％は、一定割合を地区の小学校や幼稚園、デイケアセンター、老人ホーム、病院などに無償で寄付している。仲間で分かち合うという協力精神によって、最悪の食料危機のなかでも一人の餓死者も出さずにすんだのだ。レオン国際局長は語る。

「自由化といっても、生産物の八〇％は政府に納めてもらっています。国はそれをベースに配給を行い、病院や学校に食料を提供し、低所得の人たちの暮らしを守っているのです。二〇％を直売所で販売し、生産者の利益があがるようにして、その利益のなかから寄付してもらうのです。以前のように、毎日たくさんの肉を食べることはできませんが、空腹で餓死する人はいません。ラテンアメリカでは栄養失調の人びとが一〇〇〇万人以上もいるのですが、キューバではただの一人も飢えた国民はいないのです」

とかく規制緩和と自由化一辺倒に陥りがちな日本が参考としなければならない点だろう。

（1） Gillian Gunn, *Balancing Economic Efficiency, Social Concerns, and Political Control*, Georgetown University, 1994. 〈http://www.trinitydc.edu/academics/depts/interdisc/International/Caribbean%20briefings/BalancingEconomic.pdf〉

（2） Peter Rosset and Medea Benjamin eds., *The Greening of the Revolution: Cuba's Experment with Organic Agriculture,* Ocean Press, 1994.

（3） William A. Messina, Jr.,"Agricultural Reform in Cuba: Implications for Agricultural Production, Markets and Trade", *Cuba in Transition*, vol.9, Association for the Study of the Cuban Economy, 1999.

（4） 前掲（1）のサイト。

（5） Minor Sinclair and Martha Thompson, *Cuba: Going Against the Grain: Agricultural Crisis and Transformation,* Oxfam America, 2001.

（6） Bill Caspary, *A Visit to One of Cuba's Democratic Sugar Cane Cooperatives, 2001.* 〈http://www.geo.coop/sugar.htm〉

（7） Catherine Murphy, *Cultivating Havana: Urban Agriculture and Food Security in the years of Crisis,* Food First, 1999. なお、本節全般にあたって、参照している。

（8） Scott G. Chaplowe, *Havana's Popular Gardens: Sustainable Urban Agricuiture,* City Farmer, 1996. 〈http://www.cityfarmer.org/cuba.html〉

（9） Renee Kjartan, *Castro Topples Pesticide in Cuba*, 2000. 〈http://www.purefood.org/organic/cubagarden.cfm〉およびイギリスに本拠をおく市民団体「キューバ有機支援グループ（COSG）の以下のサイト〈http://www.cosg.supanet.com/greencuba.htm〉参照。

（10） 以下の数字は、おもに前掲（8）によっている。

（11） 関東農政局「食料・農業・農村情勢報告」（平成一二年度）。

(12) Patrick Henn, *User Benefits of Urban Agriculture in Havana, Cuba : An Application of the Contingent Valuation Method*, 2000. 〈http : //www.cityfarmer.org/havanaBenefit.html〉

(13) Cathy Hotslander, *Community Gardens : Metropolitan Park Project−Havana Cuba, 2000*. 〈http : //www.globalexchange.org/campaigns/cuba/sustainable/oxfam 091100.html〉

(14) Robert Collier, *Cuba Goes Green*, 1998. ただし、現在はサイトが消えてしまった。

(15) 以下の数字は、おもに前掲（7）によっている。

(16) María Caridad Cruz and Roberto Sánchez Medina, *Agricultura y Ciudad : Una Clave para la Sustentabilidad*, Fundacion Antonio Nunez Jimenez de la Naturaleza y El Hombre, 2001.

(17) 前掲（8）。

(18) 前掲（5）。

(19) 前掲（7）。

(20) José Alvarez and William A. Messina, Jr., "Cuba's New Agricultural Cooperatives and Markets : Antecedents, Organization and Early Performance and Prospects" *Cuba in Transition*, vol.6, Association for the Study of the Cuban Economy, 1996.

(21) Harvey Harman, "The Cuban Experience : The Transition to Sustainable Organic Agriculture", *Voices*, Sept., 1999. 〈http : //www.farmradio.org/english/publicat/voices/v 99 sep.html〉

(22) Laura J. Enriquez, "Cuba's New Agricultural Revolution", *Food First Report 14*, 2000. および前掲（20）。

第4章

有機農業のルーツを求めて

80年代から有機農業に取り組んできたホルヘ・ディミトロフ協同組合農場

1　経済危機で花開いた有機農業研究

◆八〇年代から研究に着手

これまで登場した研究者たちが語るように、有機農業技術は、経済危機を契機に突如として生まれたわけではない。近代農業がもたらす土壌浸食や塩害、害虫の農薬抵抗性の増加などは、早くから憂慮されてきた。先見の明のある研究者や在野の先駆的篤農家の間では一九七〇年代から、化学農薬漬けの農業に代わる有機農業への関心がもたれ、地道な研究が行われてきた[1]。

八二年に総合的病虫害管理（ＩＰＭ）の研究が着手され、八五年にはバイオ農薬を用いた防除が研究ほ場で実証され、農薬の代替となり得ることが確認されている。八七年にハバナ市で開かれた病害虫防除の会議でも、総合防除についての発表がもっとも多かったという[2]。

だが、革新的な研究者たちの意見が広く受け入れられたわけではない。近代農業を信奉する古手科学者との間に意見の相違があり、研究体制が全面的に方向転換するには至らなかった。たとえばアクタフのフェルナンド・フネス博士は「農業省の官僚は緑の革命を信じていました。有機農業は金持ちのためのものであるとね」と述べている[3]。有機農業に関心をいだく研究者たちは孤立し、変わり者と見られていた[4]。

こうした状況は、経済危機によって急展開をとげる。有機農業信奉派の意見が急浮上し、蓄積されてきた研究成果が一挙に出て、全国規模で実施されていくのである。研究方向も農政も一八〇度転換した。熱帯農業基礎研究所のコンパニオーニ副所長が言う。

「スペシャル・ピリオドが圧力となって有機農業の発展と技術を進歩させたのは、言うまでもありません。とはいえ、有機農業への転換が必要なことはわかっていました。だから、私の研究所でも経済危機以前から研究に着手していたのです」

他の研究者も、「経済危機はあくまでも契機にすぎない。いま思えば、着手が遅すぎたぐらいです」と語っている。スペシャル・ピリオドが始まると、彼らは重要なポストを占め、有機農業への転換の指導者となっていった。

◆転換を支えた技術蓄積

キューバの人口は約一一〇〇万人で、ラテンアメリカ・カリブ海諸国の二%にすぎないが、科学者の数では一一%に達する。その六二%は女性で、平均年齢は約三〇歳だ。一〇ページでも述べたように、農業関連だけで三三の研究機関がある。有機農業への転換を支えたのは、新しい技術開発を行い得る高い研究水準にあったと言っても過言ではない。

こうした人材は、一朝一夕に養成されたのではない。革命以前にあった研究所は、サトウキビ研究所、柑橘類・果樹研究所、タバコ研究所など、輸出作物用ばかりである。農家の暮らしや国民の食生活向上につながる研究は、ほとんどされてこなかった。

革命後には土壌研究所や養豚研究所などがつくられていくが、研究の中心は相変わらず輸出作物におかれ、輸入食料によって食生活を西洋風に近代化していくことが課題とされた。社会主義経済圏の一員になったものの、位置づけはスペイン植民地時代やアメリカ支配時代と変わらず、原料供給国であった。「工業製品を製造するのは東ドイツの役割だ。お前たちは砂糖だけを作っていればいい」と旧ソ連の幹部から言われたことすらあったという。

しかし、こうした国際分業体制に組み込まれたままでは未来がない。粘り強く旧ソ連と交渉を続け、八〇年代前半からはハイテク分野へ乗り出す。二一世紀には知識集約型の産業が発展するとの見通しを立て、バイオテクノロジー、健康医学、コンピュータなどの技術開発と人材育成に、何十億ドルもの投資を行ったのである（キューバの二〇〇〇年のGDPは一八五億ドルである）。

現在もっとも力を入れているのは、バイオテクノロジーである。とりわけ医薬品の分野では、世界でも類がない脳髄膜炎ワクチンをはじめ各種新製品を産み出し、外貨獲得源となっている。有機農業に関する技術開発も、八〇年代に着手されていたからこそ可能であったといえるだろう。

第2章で紹介した以外にも、熱帯農業基礎研究所が中心となって、種子の保存に取り組んでいる。緑の革命によって失われた在来品種を保存し、作付けを復活させようとしているのである。さらに、ウィルスフリー苗の生産も行われている。農作物は、ウィルスに感染すると収量が落ちる。だが、栄養生殖で増やすことができる作物の場合、生長点だけはウィルスがいない。この特性を活かして、生長点を培養して苗に育てると、ウィルスフリー苗が得られる。

◆循環型酪農から始まった有機農業への転換

二〇〇二年一月一日。新年早々、ホセ・マルティ国際空港に降り立った。四度目の訪問である。キューバが国をあげて有機農業へと転換したことは、三回の取材でよくわかった。今回は、わずか一〇年で、なぜこれだけの一大転換がなされたのか、そのルーツをたどってみたいと思ったのである。

インターネットの情報によると、有機農業研究のルーツのひとつはハバナ農科大学にあるという。ハバナ市内から南へ車を走らせること約一時間。広大な農場を併設したキャンパスが見えてくる。持続可能農業研究センター長のルイス・アントニオ・ガルシア博士を訪ねてみた。

「本学では、有機農業の研究は以前からある程度されていましたが、九〇年代にシステムとして進みました。スペシャル・ピリオドの影響で、とにかく化学合成品はほとんどないわけですから、有機農業を食料問題を解決するオルターナティブにしようと、全面的に研究が始まったわけです」

農業省の畜産部局から、有機農業の研究を行うようにとの正式要請もあったという。こうして進められたのが、「ヴォワザン（キューバではワサンと発音）式合理的放牧システム」と称される、循環型畜産の研究である。日本では耳慣れない言葉だが、その仕組みは簡単だ。

均一な割合で牧草が食べられ、一様な頻度で糞尿が落とされれば、糞尿が牧草の肥料源となって、原理的には循環型の酪農が成立する。しかし、自由に放牧すると、牛は勝手気ままに動き回り、特定の場所の牧草を食べて枯らしてしまったり、ある場所に糞尿が集積して土壌や水質を汚染する。そうならないように、移動式の柵で囲い込んだ中で飼育し、牧草と糞尿とのバランスをコントロールしながら、順々に移動させていくのである。ニュージーランドではこのシステムを使い、エサを外部から投入せずに多くの羊を育てているという。

実は、ヴォワザン式自体は六〇年代に一度導入された。開発者であるアンドレ・ヴォワザン氏を、カストロがフランスからキューバに招いたのである。当初はキューバ全域に普及する計画だったという。だが、地域によって気候や土壌条件が異なるし、飼育されている牛の品種もいろいろだった。生産者や農業技術者の水準にも差があり、牧場全体の管理を考えると輸入飼料を買うほうが楽だったという。このため、いつしか下火となっていく。

「経済危機の下で、再びヴォワザン式が注目を集めるようになりました。ブラジルのルイス・カルロス・フィネーロという研究者が九〇年にキューバを訪れ、ブラジルで改良したヴォワザン式の新システムを紹介したのです。かつて導入された方式とは違って、牛を管理しやすいように電気柵を取り付けたり、より多くのエサが農地で得られるように木や作物を植えるなどの工夫もされていました。本学は畜産センターももち、有機畜産の研究をやっています。そこでは、牧草には一切化学肥料を使わないし、牛に虫がついても化学薬品を用いません。ある農場では、放牧地で果樹や作物を栽培しています。旧ヴォワザン式の場合は牧草だけでしたが、新しい方法では農場内でいくつもの種類のエサを生産しているのです」

こうしてキューバの有機農業への転換は、酪農からスタートした。新ヴォワザン式システムは九〇年に導入され、九一年五月から広範囲で実施。九二年末には、少なくとも四五〇カ所、三〇万haで取り組まれたという。(5)

電気柵の準備は手間がかかるが、この初期投資さえ行えば、電力は太陽電池や廃棄モーターを利用した手作り風力発電でもまかなえる。ハバナ市郊外のサンタ・フェでは、車中からこうした牧場をいくつも目にした。もっとも、周囲の風景に溶け込んでいるので、よく注意していないと気がつかない。日本で循環型の畜産というと大がかりな堆肥プラントを想像してしまうのだが、よく考えてみるとこれは立派な循環型の畜産技術なのである。

ただし、大規模に実施された「ヴォワザン式合理的放牧システム」は、残念ながらまだ十分に成功していないという。ピーター・ロゼット博士は、その事情をこう説明している。

「有機農業に批判的な人たちは、この失敗事例を有機農業がうまくいっていない証拠として取り上げている。だが、失敗の原因は、移動式の電気柵の供給不足、停電の影響、そして面積あたりの放牧密度が高すぎたためだ。有機農業を提唱している人びとは、ヴォワザン式の原理が間違っていたのではなく、適用されたやり方が失敗したのだと指摘している」(6)

また、牛糞の需要が多いことも問題である。ヴォワザン式の場合、牧草を育てるために牛の糞尿をリサイクルしなければならない。だが、すでに述べたように、ミミズ堆肥の製造にも牛糞は貴重な有機資源なのである。

◆在野の篤農家に学ぶ

九二年二月、有機農業の重要性を認識した大学教授や研究者のグループは、当時ハバナ高等農業科学研究所と呼ばれていたハバナ農科大学に集い、「有機農業研究会」を発足させる。ガルシア博士の話を続けよう。

「実は、キューバの有機農業は日本とも関係があるんです。私は九二年に、ブラジルのサンパウロにあるモキチ・オカダさんが設立した自然農法国際研究開発センターへ有機農法を学びに行ったのです。また、オーストリアのルドルフ・シュタイナーの農法を研究するため、バイオダイナミッククセンターにも出かけました。そして、六月に、全国規模での有機農業の研修が初めて行われたのです」

翌九三年五月には、有機農業に関心をもつ三五人の専門研究者がネットワークを組み、「グルポ・ヘストル」を設立する。グルポはグループ、ヘストルは何かを発展させるという意味である。さらに、国全体に有機農業を普及させるため、「第一回有機農業全国会議」を開催。一〇〇人以上のキューバ人と四〇人の外国人が参加し、「キューバ有機農業協会」（ＡＣＡＯ）を設立した。

「そして、熱帯農業基礎研究所のネルソ・コンパニオーニ博士、ニルダ・ペレス女史、農業機械研究所、土壌研究所、キューバ国防軍、砂糖産業省、全国小規模農業協会などから次々と新しいメンバーが加わっていきました」

有機農業がいかに重要かを農家や行政担当者に納得させることが、キューバ有機農業協会の活動目的である。研究者、行政関係者、農民、農場技術者からなるその活動は国際社会の注目も次第に浴びるようになり、第三回会議は国際農薬監視行動ネットワーク（PAN）が主催する「農薬行動ネットワーク会議」とあわせて開催された。農家向けのトレーニング、視察研修、ワークショップ、実証農場の設置、機関誌『有機農業』（Agricultura Organica）の発行など、有機農業普及の中心となっている。その目的として掲げられているのは、次のとおりである。

「近代農業は輸入資源に依存し、環境にも大きなダメージを与え、持続可能農業とはいえない。有機農業こそが環境を守り、かつ永続的に収量を確保できる可能性をもつ」。

九九年にはアクタフと合併して組織強化が図られ、キューバ有機農業グループと名称を変えた。その活動は対外的にも高く評価され、ライト・ライブリーフッド賞を受賞したのは、すでに述べたとおりである（一二ページ参照）。受賞に際して、フネス博士はこう語った。

「この受賞は、私たちキューバ有機農業グループ、そしてキューバで有機農業のために苦闘しているすべての農民、研究者、行政官にとっての誇りです。食料を供給する方法が化学物質に依存した慣行的な農業だけではないこと、私たちの努力が他の国々にとっての実証事例となることを希望します(7)」

また、キューバが有機農業への転換を図るうえでもっとも特徴的だったのは、農民たちの伝統的な実践を評価し、その知識の再発見に努めたことであろう。インターネット上にはキューバ有機農業協会の創設メンバーの一人、ハバナ農科大学のロベルト・ガルシア・トルヒーヨ副学長の発言が載っている。(8) 氏は週末には自ら小さな有機菜園を耕し、息子といっしょに堆肥の山を切り返しているという。

「多くの人びとは、農業を単純で当たり前の活動だと考えています。しかし、それは間違いで、農業はすべての偉大な文化の魂です。なぜなら、天候、土壌、作物、家畜、自然のサイクルと多くの知識が必要なだけでなく、その知識を日々用いることが求められるからです。食べ物は工場からやってくると思われがちですが、実際には、世代から世代へと創造されてきた文化によって生み出されています」

農家に学ぶ姿勢が感じられる発言である。農業省も、小規模農家がもつ伝統的な英知を掘り起こすために、研究者との合同ワークショップを開催した。全国各地で研究者は農業者と膝を交えて「どうしたら課題を解決できるか」論じ合った。アリを利用する防除などの発想は、こうした対話から生み出されたものなのである。

では、どのような民間の実践がキューバを有機農業に導いたのか、伝統的な農家を訪ねてみよう。

2　有機農業に長く取り組んできた農民たち

◆田舎の伝統的農家を訪ねる

第1章で紹介した第四回有機農業国際会議に参加した際に知り合った、レネ・レイバー君という熱心な青年から、筆者は次のように誘われていた。

「キューバでは都市農業が盛んですが、田舎の農民も有機農業で頑張っているんです。今度、キューバに来られる機会があれば、ぜひ私の農場にも寄ってください」

レネ君の農場は、ハバナ市から三〇〇km以上離れたシエンフェーゴス市の郊外・ローダス村にある。早朝に出発し、広大なサトウキビ畑をつらぬくハイウェイを走り抜けながら、シエンフェーゴスへと向かう。高速道路を下りると、舗装されていないガタガタ道だ。抜けるような青空の下を、どこまでも続く広大な農地。車はまったく走っておらず、赤茶けた田舎道をときおり馬車や馬に乗った農民たちが行き交う。沿道に散在する民家は都市と異なり草葺き屋根で、まわりをバナナやヤシの屋敷林が囲み、牛がのんびりと草を食んでいる。

途中で何度も道を尋ねながらようやくたどり着いたレネ君の農場は、そんな農村集落の一軒家だった。もちろん、車は入れない。ヤシの木の下の間にあるキャベツ畑を歩きながら、草葺き屋根

レネ君は地区の農業リーダー。バイオ農薬やミミズ堆肥を活用している

をめざす。靴にはたちまち鉄やアルミニウムを多く含んだラテライトの真っ赤な泥がこびり付き、冬とはいえ、熱帯特有の湿気や草の香りを感じる。地球の正反対にある国だが、田舎の光景はどこも似ていて、故郷に帰ったかのような安らぎを覚える。鶏や七面鳥が走り回る庭先で、短パン一枚で作業していたのが、レネ君だった。

「やあ、よく、いらっしゃいました。お元気でしたか。お茶でも飲みながら、お話しましょう」

さっそく自宅で熱いコーヒーをふるまってくれた。

祖父母と両親、そしてレネ君の五人家族である。多くのアジアの農村がそうであるように質素なつくりで、暮らしぶりはつつましい。それでもカラーテレビはあり、大ボリュームでラテン音楽がかかっている。

「うちは一九二〇年から、ここで農業をやっています。広さは一二ha。もちろん全部が有機農業で、農薬や化学肥料は一切、使っていません。余った収穫物をはじめ農場から出る有機物はすべて循環させ、炭も利用しています」

「有機農業へは、スペシャル・ピリオドからチェンジしたのですか」

「いいえ、昔から近代農業はやっていません。この村にある生産農家組合から化学肥料が配られたりしましたが、祖父が好きでなかったので、ほとんど使わなかったんです。トラクターも使わず、牛や馬で耕してきました。そして、何でも堆肥にし、家畜にも自給飼料を食べさせていましたから、スペシャル・ピリオドの前も後も、変わらず農場は安定していたのです」

レネ君の説明を脇で聞いていた、近代農業が嫌いだったという祖父プロタシオ・レイバーさん（八五）も、あいづちを打つ。

「そうです。私はだんだん森を切り開いて農地として整え、サトウキビ、果物、イモ類と多くの作物を栽培してきました。いずれも昔の方法で作ってきたんです」

石油や農薬に依存していた大型国営農場や協同組合農場がスペシャル・ピリオドで大打撃を受けたのに、伝統的な田舎の農家には影響がほとんどなかったというのは、初めて耳にする話である。インターネットの情報やハバナ市内での取材では知ることができない、もう一つのキューバの顔だった。

◆八〇年代から独自に研究を進めていたモデル農場

ハバナ市の中心から車で一時間ほど飛ばした郊外に、ヒルベルト・レオン協同組合農場がある。近くに住んでいた個人農家が集まって八三年五月に設立した。現在のメンバーは一一八人（うち二〇人が女性）、広さは四六〇haである。

ジャガイモ、里イモ、キャッサバ、タロイモ、トマト、レタス、キャベツ、ニンジン、ビーツなど年間約六〇〇〇トンを生産している。内訳は野菜六〇%、イモ類四〇%。もっとも力を入れているのはジャガイモで、冷凍保存もしている。余った野菜を処理するため、トマトピューレの加工場や、玉ネギ・ニンジンを使ったピクルスの工場もある。以前は旧ソ連式の近代農業を行っていたが、いまでは有機農業のモデル農場に転換し、みごとな野菜が育っている。ハコボ・ミラバル組合長に話を聞いた。

「農薬は、ジャガイモ、タバコ、サツマイモのカビ病防除にごくわずか使用しているだけです。たとえばサツマイモの場合は、フェロモンを用いて害虫を呼び寄せ、その場所だけに農薬を撒きます。化学肥料は、ジャガイモとトマトにはある程度使っていますが、サツマイモやタバコでは使っていません」

農場がほとんど無農薬で栽培できているのは、天敵やボーベリア菌を用いているからであり、化学肥料が少なくても生産量が落ちていないのは、豆科作物や輪作を通じて地力を保っているからである。[9] ハコボ・ミラバル組合長は、こう続ける。

「すでに八〇年代から農薬が効かなくなり、より毒性が強い農薬を使わなければならなくなっていました。それに対して『有機農業に変えなければならないのではないか』という意見が、かなり早い時期に組合員たちから出ていたんです。それで、組合設立時から、さほど広い面積ではありませんでしたが、有機農業の研究に取り組んできました」

「国の研究所や大学からの援助はあったのですか」

「いいえ、政府の支援を受け始めるのは九一年からです。それまでは、まったく援助はありません。むしろ、『有機農業なんかダメだ』と反対する人すらいましたね。だから、自分たちだけで苦労して工夫を重ねてきたんです」

「なぜ、組合長は有機農業が必要だと感じられたのでしょうか」

「私は田舎の生まれで、子どものころから農民の知恵や経験談を見聞きしながら育ちました。生物的な病害虫管理とか、キュウリの受粉にハチを使うやり方とかも、知っていました」

キューバの有機農業は、行政からの強い働きかけや有機農業協会の努力で普及したことは事実である。だが、それ以前から、レネ君一家のように昔ながらの有機農業を営んできた農家もあれば、ミラバル組合長のように試行錯誤を重ねていた指導者がいたことを、忘れてはならない。

◆国の指導に従わず自分たちで有機農業に挑戦

ヒルベルト・レオン農場から車で数分のところに、ホルヘ・ディミトロフ協同組合農場がある。

八〇年に二三人の農民が結成した農場で、現在は一八三haを六八戸が耕作し、ジャガイモ、穀類、野菜を栽培している。一時は収量が落ち込んだものの、農薬も化学肥料も使用しないのに、九三年に早くも経済危機以前の九〇％にまで回復。九七年には、以前の一〇％増の六六〇〇トンの野菜を生産したという[10]。

ホルヘ・ディミトロフ農場は、どのように有機農業に取り組んできたのだろうか。農場の歩みに詳しいという農民、マルティン・アコスタ・カルデナスさんを組合長から紹介されたので、農場内にある会議室でインタビューした。

「もともとキューバの農民は、自然を活かした農業をやっていました。いま有機農業と言われているようなことは、実は昔からずっと農民たちがやっていたことです。ところが、五〇年代に入ると化学肥料や農薬が使われるようになりました。世界中がそうでしたが、第二次大戦後に化学工業が発達し、戦争のために生産された化学薬品を企業は肥料として使うようになったのです。そのころキューバにはアメリカの巨大な企業があり、農民たちにそうした新しい化学肥料や農薬を売り始めました。もし使わなければ、市場で安く買い叩いたり、農産物を買わないなど圧力をかけたのです。たとえば、ジャガイモをアリがちょっとかじっただけで、市場では売れません」

そして、農薬や化学肥料への依存は、革命後も変わらなかったそうだ。

「農業省の専門家たちが、各作物ごとに化学薬品の使用基準のマニュアルをつくりました。たとえばジャガイモの栽培のためには、いつ、どんな農薬を、どれだけ撒くようになどと書かれた技術シートがつくられ、農業省の役人が農場にやって来ては、そのシートに従って指導していました」

マルティンさんは最初は国の指導に従っていたが、次第に問題が生じ始めた。

「一つは化学肥料の問題です。同じ収量をあげるのに、最初は化学肥料を一カバジェリア（一三・四ha）あたり数トン使っていたのが、五年後には一〇トン、一〇年後には一五トンも使うようになりました。たとえば九〇年には、ジャガイモは一二トン、他の作物でも七～八トンの化学肥料を入れていましたが、それだけ入れても何も穫れない土地が出てきたのです」

病害虫の抵抗性が高まり、農薬も効かなくなっていったという。

「最初に使った薬が、三年後には効かなくなりました。殺せない虫が出てきたので、同じ農薬は使えません。そして、ＤＤＴやパラチオンなど、農薬はどんどん強くなっていきました」

七五年には政府が総合防除対策に取り組み始めたことにより、国全体の農薬使用量は半減した。だが、農薬への依存がなくなったわけではない。

「協同組合農場をつくった後も、しばらくは化学薬品を使い続けました。でも、八〇年代なかばには、伝統的な農業を覚えていた組合員が、化学肥料や農薬の使いすぎで土地が痩せたり生産性が落ちてきたことに、疑問をいだき始めたんです。『薬を何回も撒かなければならないのはおかしいじゃないか。本当に効くなら一回ですむはずなのに、なぜ何度も撒かなければならないんだ。肥料にしてもそうだ。一度使えば、二年や三年もつはずじゃないか』。また、もっと安く農業がやれないかと考える仲間もいました。農業は工業とは違うんだから、大企業にいくら農薬や化学肥料の在庫があるからといって、わざわざコストのかかる農業をやる必要はないじゃないかと」

農業省の専門家からは、計画どおりきちんと撒くように指導された。しかし、マルティンさんたちはみんなで自主的な勉強会を重ね、自分たちの経験を活かして、農薬の散布量や化学肥料の施肥量を減らせるように自前でアレンジしていく。

「ですから、スペシャル・ピリオドが始まったとき、私たちの組合は有利な立場に立てました。昔の農民がもっていた伝統的な農法を基礎として、ある程度は生産できたのです」

石油や化学肥料が足りないなかで、トラクターの使用回数を減らしたり、効率よい灌漑方法を工夫するなどの努力を重ねた。こうして、農場は以前よりも多い収量をあげることに成功したのである。

「集約栽培をやっていたときには土地が痩せ、有機物含有量が一・五％しかありませんでした。痩せた理由の一つは、農業と畜産とを分けるという大きな過ちを犯したためです。私たちは地力をどう回復させたらよいのか、みんなで考えました」

ここにも、経済危機以前から有機農業の重要性を認識していた篤農家がいた。

実は、ヒルベルト・レオン農場とホルヘ・ディミトロフ農場を紹介したのには理由がある。この二つの農場で「灯台プロジェクト」と命名された有機農業のモデル事業が実施され、それがキューバ全体の有機農業への転換につながったからなのである。

3　有機農業のモデルプロジェクト

◆灯台プロジェクトの導入

国をあげての有機農業への転換。そのモデルとなったアグロエコロジー（有機農業）灯台プロジェクトとはどのようなものなのだろうか。ハバナ農科大学のガルシア博士は、次のように説明する。

「有機農業の研究を進めるうえでもっとも重要だったのは、有機農業灯台プロジェクトでした。九二年一一月に、対象農場を選定するため農家と座談会を行い、有機農業に興味をもつホルヘ・ディミトロフ農場を選んだのです」

マルティンさんが当時を振り返って語る。

「当時は、農業省からやって来た役人に『有機農業でできる』と言っても、向こうは全然信用せず、『お前は頭がおかしい』と言われたもんです。九二年にハバナ農科大学に招待され、研究者の会議に参加しましたが、彼らも有機農業についてよくわかっていません。会議で研究者たちを前に講義しましたが、信じてもらえませんでした。でも、どんなに経済危機が厳しくても、きちんと農作物が生産できることを示したかったのです」

有機農業灯台プロジェクトは、有機農業を広めようとするＮＧＯによる「持続可能な農業国際ネットワーク推進プロジェクト」（Sustainable Agriculture Network and Extension=SANE）が推進しているもので、小規模農家を中心に有機農法を普及するため、モデルとなる農場を「灯台」と呼んでいる。[11]

キューバの有機農業の話を聞いて、「闇夜に輝く灯を見る思いがする」と感動した人がいる。いまは国をあげて「有機農業革命」の光を世界に放っているキューバも、約一〇年前にはこの農場が小さな灯台として機能していた。将来、世界の農業が有機農業にシフトしていくとしたら、マルティンさんはその小さな火を灯した一人といえるだろう。

「農場が決まったこともあって、九二年から九三年にかけて、牧草飼料調査研究所や熱帯農業基礎研究所の研究者も加わりました」（ガルシア博士）

そして、九四年末にＵＮＤＰ（国連開発計画）とキューバ有機農業協会の間で協定が結ばれ、九五年からは三つの協同組合農場をこのプロジェクトの対象とすることになる。[12] プロジェクトには、オックスファム・アメリカや「ブレッド・フォー・ザ・ワールド」など海外ＮＧＯも協力した。[13]

◆在来農法の復活で大きな成果

モデル農場では、堆肥の利用、バイオ農薬の使用、輪作などが導入された。取組みの度合いは農場によって異なるが、九七年の状況は表17のとおりである。

表 17　モデル農場における各種の有機農業技術の導入状況

	ヒルベルト・レオン	ホルヘ・ディミトロフ	九月二八日
牛耕	多い	中程度	多い
最小耕起	一部	一部	全域
輪作	実施	実施	実施
混作	多い	少ない	多い
緑肥の使用	導入	中程度	多い
堆肥の使用	多い	中程度	少ない
バイオ農薬	多い	多い	多い

(出典)「持続可能な農業国際ネットワーク推進プロジェクト (SANE)」の資料による。〈http : //www.cnr.berkeley.edu/~agroeco 3/sane/monograph/CUBA.htm〉

表 18　混作による収量増　　(単位：t／ha)

作　物	各収量			単作との比較	農　場
キャッサバとトマトとトウモロコシ	11.9	21.2	3.7	2.17 倍	ヒルベルト・レオン
キャッサバとトウモロコシ	13.3	3.39	—	1.79 倍	ヒルベルト・レオン
サツマイモとトウモロコシ	12.6	2.0	—	1.45 倍	ヒルベルト・レオン
キャッサバと豆類とトウモロコシ	15.7	1.34	2.5	2.82 倍	九月二八日
豆類とトウモロコシとキャベツ	0.77	3.6	2.0	1.77 倍	九月二八日

(出典) 表 17 に同じ。

表 19　地力の向上効果

		ヒルベルト・レオン	ホルヘ・ディミトロフ	九月二八日
有機物含有割合(%)	95 年	4.2	2.7	1.8
	98 年	4.1	3.5	3.2
リン含有量(ppm)	95 年	333	431	29
	98 年	385	488	30
カリウム含有量(ppm)	95 年	183	292	265
	98 年	199	327	270

(出典) Fernando Funes, Peter Rosset et al. ed., *Sustainable Agriculture and Resistance : Transforming Food Production in Cuba*, Food First, 2002, p 185.

三つの農場とも生産性はあがり、二年後には他の協同組合農場より収量が高くなったという。その鍵は混作である。表18のようにキャッサバとトマトとトウモロコシ、豆類とトウモロコシとキャベツなどの混作を行い、いずれも単作の場合よりも収量をあげた。

また、豆科の緑肥作物を作付けることで窒素肥料を投入するのに匹敵する収量が得られ、あわせて土壌の物理性や化学性も向上したという[14]。つまり、通気性、水はけ、水もちがよくなり、土の保肥力も高まったのである。たとえば九五年から九八年に、土壌中の有機物含有割合がホルヘ・ディミトロフ農場では一・三倍に、九月二八日農場では一・八倍になっている（表19）。

病害虫の防除は、混作・輪作とバイオ農薬の併用で行われた。たとえばサツマイモのアリモドキゾウムシの被害は、トウモロコシとの混作と、近くのバイオ農薬生産センターから安く入手したボーベリア菌やバチルス菌などの少量のバイオ農薬で、軽減されたのである。

各農場のプランや目標は、プロジェクトの技術チームとモデル農場のメンバーがワークショップで話し合うなかで決められた。ワークショップや研究を通じて得られた成果は、農場の将来計画や、地域の協同組合や農家に活かされていく[15]。マルティンさんが、当時の状況を詳しく教えてくれた。

「研究を行うために、組合農場の広い畑を独立した農家のように五つに分け、約六haを有機農法に変えました。おもに試みたのは、五五年以前の伝統的な農業に戻ることです。バイオ農薬をほとんど使わなくても、害虫は発生しませんでした。トウモロコシとナタマメ（カナバリア）との混作で防げたのです。

堆肥が十分にないので、土を元気にするため緑肥作物の栽培を始め、トウモロコシと豆類の輪作を行いました。キューバはトウモロコシを柔らかいときに収穫して食べる習慣がありますが、葉は土地に残すようにしました。豆も、実を採る以外はそのまま残すのです。また、耕起をできるだけ減らすように努めました。その結果、有機農業に転換する前は一・五％しかなかった土壌中の有機物含有量が、九八年には倍以上にまで回復したんです。そして、化学肥料を施肥した畑と有機農法の畑との生産量を比べると、化学農業は一四トンだったのに、有機農業では一九トンが得られました。むかしのやり方のほうが生産性が高いことがわかったのです。そこで、全国小規模農業協会や農業省もさらに有機農業に対する関心を深めました」

自らが表紙を飾る機関誌『有機農業』を手にするマルティンさん

プロジェクトのベースはマルティンさんが言うように、以前から地元農家がやっていた在来農法の復活だった。

「こんな実験は、化学農法万能の時代に育った専門家には発想できません。キューバの農民の間に『馬のオーナーは前に乗る』ということわざがあります。馬をどう進めるのかは前に乗る人が決めるという意味です。つまり、どうやったらよいのか最初に提案したのは私たち農民だったのです。これはフネス博士たちが出している『有機農業』という雑誌です」

マルティンさんはちょっと黄ばんだ古い雑誌を、書類の山からゴソゴソと抜き出した。日付を見ると「一九九五年四月一日、第一号」とある。日本でいうならば日本有機農業研究会の『たべものと健康』(現在は『土と健康』)の記念すべき第一号である。

「この表紙の写真はこの農場で、この麦わら帽をかぶっている農民は……」

「マルティンさんなんですか」

「ええ」とちょっと照れ臭そうに、マルティンさんは口元をすぼめた。

4　有機農業と持続可能農業

◆全土へ持続可能農業を広げる

有機農業灯台プロジェクトに対するＵＮＤＰの援助は、九七年に終わった。その後、成果を活かすために、第二段階が二〇〇〇年から始まっている。モデルプロジェクトの実施農場は七カ所に増えた。キューバに加えて、ペルー、ホンジュラス、チリの各国でＮＧＯを中心に持続可能農業を推進するもので、キューバではカナダの国際開発研究センター（International Development Research Center）や、フード・ファーストが支援している。[16] その内容を再びガルシア博士に聞いてみよう。

「第二段階のテーマは、農家へのトレーニングや教育を行い、全土に持続可能な農業、畜産業を広げることです。そう、有機農業ではなく、持続可能農業です」

「有機農業と持続可能農業の違いについて、説明をしていただけますか」

「持続可能農業の基本コンセプトは、国連のブルントラント報告書の概念に従っています。[17] 経済・社会・生産面で、人間がどう適切に持続的に土地を利用するか。土地を疲弊させず、環境に悪影響を及ぼさずに、将来にわたって食料を生産できる農業を生み出せるかです。持続可能農業を行うための基礎として有機農業があります」

同席しているホセ・ゴンサレス博士もうなずく。

「有機農業では化学合成品を一切利用しません。持続可能農業は化学肥料や農薬をごく少しは併用しながら、全体としてのエコロジーバランスを得ます。そこに違いがあります」

「すると、持続可能農業では化学肥料や農薬も使うことがあると考えてよろしいのでしょうか」

「そうです。持続可能農業には認証基準はなく、化学肥料や農薬の使用を禁じていません。状況に応じて使うこともできます。なぜ、こうしたことを申し上げるのかというと、有機農業であっても、本当にそれが持続可能だと実証するためには、何十年もかかるからです。何十年も続けて初めて、土が痩せていないという証明ができます。キューバは長く近代農業を続けたため土が疲弊し、いまのままでは十分な収量をあげられません。多くの農家は、伝統的な農法の知恵を失ってしまいました。ある程度は化学肥料を併用することも、検討しなければならないのです」（ガルシア博士）

「有機農業を行うためには、農民がそれぞれの土地にある地域資源に熟知していることが必要です。私はエクアドルの先住民の農法を研究に行って驚いたのですが、彼らは文字が読めないのに、ちゃんと有機農法の原則に従って作物を作っていました。それは、父から子、子から孫へと伝統的な英知が伝えられているからです。こうした知恵をキューバの農民も以前はもっていました。でも、革命後は教育改革を進めたこともあって、多くの人びとが町へ出て医師や教師になり、田舎に戻らなくなりました。そのなかで有機農業の知恵がなくなってしまったのです」（ゴンサレス博士）

一八九ページで紹介したレネ・レイバー君も、一度は町へ出た。祖父が健在だったから伝統農業を継承できたが、もしそうでなければ昔の知恵は断たれてしまっただろう。ゴンサレス博士は続ける。

「ごく普通の農家が有機農業を続けるためには、よほど周囲の環境を熟知していなければなりません。自分でミミズを育て、バイオ農薬もある程度はつくれなければならないし、土壌中の水分が蒸発しないように植林もしなければならない。あるいは、星や月のバイオダイナミックな運行も知らなければならない。いまの段階では、完全有機ではなかなかできないと思うのです。持続可能農業であれば、そこまで自然への深い知識がなくても、環境を保護しながら行えます。有機農業は国民が食料を得るための、いわば哲学的な方法だと思います。いまでは一般市民も、有機農産物のほうが味がよく、身体にもよいことがわかるようになりました。こうした運動にこそ価値があると思います」

ヨーロッパでは有機農産物の認証基準があり、これに従わなければ有機農産物にならない。一方キューバでは、この基準を遵守しなくても、環境に悪影響を与えずに生産できれば、それは広い意味での有機農産物と考えるのである。

◆人類が生き残るための持続可能農業

ヒルベルト・レオン農場のフロベルト・カバジェロ・グランデさんは、有機農業と持続可能農業の違いについて、こう主張する。

「うちでは、九五年から四年かけた土壌の調査や有機農業技術のデモンストレーションというプロジェクトの第一段階が終わり、二〇〇一年中旬から第二段階に入ったところです。第二段階は自然に優しい農法を農場すべての土地で行い、持続可能農業をめざします。有機農業は有機物しか使わずに生産しますが、持続可能農業は環境を保護しつつ、有機農法とある程度の化学肥料をミックスすることで、持続可能な最大生産量を保つ農業です。

もちろん、完全な有機農業でなければダメで、一切の化学合成品を使用してはいけないという考え方もあります。しかし、私はいくら環境を汚染しないといっても、害虫防除のために大量のバイオ農薬を使うことは不自然だと感じるのです。自然界にもともと存在するより多くの天敵を人工的に生産すれば、生態系のバランスが壊れる可能性があると懸念しています」

カストロは地球サミットで次のように語ったという。

「私は持続可能農業を発展させたい。いま地球上には全滅の危機に瀕した生物種がいる。その生物種とは人間である。発展途上国の人びとの暮らしに、環境破滅につながるような消費習慣を持ち込むな。みんなの暮らしを、より合理的にしよう。より公正な国際経済の秩序を打ち立てよう。汚染なき持続可能な開発に向けて、あらゆる科学を動員しよう。そして、外国からの借金ではなく、環境保全のためにこそ資金を借りよう。消滅させるのは人類ではない。飢餓こそを消滅させよう」[18]

フロベルトさんが続けて話した。

「つまりは人類が生き残るために、この農場では持続可能農業をやっているのです。それと、私が持続可能農業を大切だと思うのは、いま世界では有機農業がビジネスとして扱われているからです。多くの国で自然な果物や野菜が販売されていますが、一般の農産物よりかなり高いのでしょう。非常にコマーシャル的な農業になっていると感じます。

こうした高付加価値を付けた食べ物を世界中の人が買えるかというと、買えません。化学肥料を製造している大企業は、最初は有機農業に反対していましたが、いざ有機農業がビジネスになるとわかると、手のひらを返したように応援しています。有機農産物がいかに身体によいかのキャンペーンまでやっているのです。私は、一般の人びとが食べられないようなものを作る農業はやりたくありません」

有機農業は一部の金持ちのための付加価値商品ではない、と主張するのだ。キューバ有機農業グループがライト・ライブリーフッド賞を受賞したとき、ロゼット博士も同様なコメントをよせている。

「この受賞は、他の国ぐにではまだ発展していない有機農業の素晴らしい潜在力を示すものです。世界中がキューバから学ぶべきです。キューバでは、有機農業はみんなのためのものであって、有機農産物を手にできる人だけのものではありません」(19)

◆土地を知る農民が大地を守る

ホルヘ・ディミトロフ農場のマルティンさんは、みんなが有機農産物を食べられるように、コストダウンに努力していると語る。

「この協同組合農場ではかつて、平均で一ペソの価値を生み出すのに五二センターボを使ってきました（一ペソは一〇〇センターボ）。有機農業に転換してからは、化学肥料や農薬を買わなくなったこともあり、より安いコストで生産できています。経営的にも成果があがっているのです。他の協同組合農場にもやり方を教えています。もっとも、ただ教えればよいというのではなく……、そうそう、大事なメモを思い出しました」

マルティンさんは目が悪いのだが、一所懸命に古いメモ帳のページをめくりながら読んでくれた。

「将来は、全部の原料や材料をレクルソ・ヘネティコし、自分の生活方法も農業コミュニティが管理しなければならない」

「レクルソ・ヘネティコとはどんな意味なんですか?」

「そう、この地で生まれ、この地で働く者だけが、この土地で何が得られるか、何を作ればよいのかがわかる。だから、この地に生まれた農民が、この大地を管理しなければならない。そんな意味です。サンティアゴ・デ・クーバ州からやって来た農民が、ここにカカオを植えろと言ってもね、そうじゃあないし、正しくないいんですよ。だって、ここはここなんですから」

生まれ育った地は違っても、農民の直感は世界共通のものかもしれない。地球の裏側で身土不二の概念を聞かされるとは、予期していなかった。有機農業であれ持続可能農業であれ、土地を知る農民が大地を守ることには変わりがない。

(1) 「キューバ有機支援グループ(COSG)」のサイトに掲載された「キューバで持続可能な開発に取り組む諸機関(Organizations involved in Sustainable Development in Cuba)」による。〈http://www.cosg.supanet.com/activists.html〉

(2) Peter Rosset and Medea Benjamin, eds., *The Greening of the Revolution : Cuba's Experiment with Organic Agriculture*, Ocean Press, 1994.

(3) Joel Simon, "An Organic Coup in Cuba?," *The Amicus Jounal*, vol.18, No.4, Natural Resourses Defense Council(NRDC), 1997.

（4）　以下、本節の記述は前掲（1）（2）を参考とした。
（5）　前掲（2）六三ページ。
（6）　Peter Rosset, “The Greening of Cuba”, *NACLA Report on the Americas*, Vol.28 No.3, The North American Congress on Latin America, 1994.
（7）　キューバ有機農業グループがライト・ライブリーフッド賞を受賞した際のフード・ファーストのプレス・リリース *Alternative Nobel Prize Goes to Cuban Group Promoting the Organic Revolution*, Food First, 1999.〈http://www.food first.org/media/press/1999/gaop.html〉参照。
（8）　前掲（6）。
（9）　Jaime Kibben, *The greening of Cuba* (Video), Food First, 1996.
（10）　前掲（3）。
（11）　ＵＮＤＰのサイト〈http://www.undp.org/seed/food/pages/activities/index.html〉参照。
（12）　このプロジェクトには、キューバのほか、ラオス、フィリピン、ウガンダ、カメルーン、マリ、セネガル、ペルー、エルサルバドルの計九カ国のＮＧＯが参加した。
（13）　一九九九年、キューバ有機農業グループがライト・ライブリーフッド賞を受賞した際の、マリア・デル・カルメン・ペレスの演説による。
（14）　C. juncea と V. unguiculata は、窒素を一 ha あたり一七五 kg 投入するのに匹敵する収量をカボチャであげた。
（15）　「持続可能な農業国際ネットワーク推進プロジェクト（ＳＡＮＥ）」については、以下のサイトも参照。〈http://www.cnr.berkeley.edu/˜agroeco 3/sane/monograph/CUBA.htm〉
（16）　Miguel A. Altieri, et al., *Scaling up Successful Agroecological Initiatives in Latin America and the Caribbean.*〈http://nature.berkeley.edu/˜agroeco 3/sane/index.html〉

(17)「環境と開発に関する世界委員会」(ブルントラント委員会)が八七年に出した「我らの共有の未来」と題する報告書。地球的規模で進行する環境破壊に対処し、人類社会の持続的な発展を保証するために、各国の政府と国民に対して「持続可能な発展」を国の政策および国際協力の最優先目標としなければならないと訴えた。ここで「将来の世代が自らの欲求を充足する能力を損なうことなく、今日の世代の欲求を満たす」という持続可能な発展の概念が提唱されたのである。

(18) 前掲(13)。

(19) 前掲(13)。

第5章

有機農業を成功させた食農教育

学校農園で草取りする子どもたち（ハバナ市内の小学校）

1　汗の価値を忘れない人間教育

◆若者の心に種を蒔く農業実習

二九ページで紹介した日曜百姓アルマンドさんの二〇歳になる息子のアベル君は、土と格闘する父の姿をどう見ているのだろうか。

「私はPPHという医薬品をつくるセンターで働いています。最先端の仕事です。でも、父が週末農業をやっていることは誇りに思っているし、たまには手伝います。ただ、自分を含めて最近の若者は、汗をかく仕事はしたくありません。きれいな格好をしていたいし、楽をして金も稼ぎたいですから」と若者らしい本音を語る。

PPHは、キューバが開発した、血行をよくする効果をもつ医薬品である。キューバはバイオテクノロジー、医薬品工業、医療機器分野へ大きな力を注いできた。バイテク産業は九〇年には八億ドルの輸出産業に育ち、いまでは二〇〇を超える医薬品が販売されているという[1]。PPHはその稼ぎ頭といえるだろう。

「学校では、必ず農業の実習があります。小学校からあり、中学では季節に応じて草刈りや果樹のもぎ取り、高校ではタバコの苗植えをしました。都会で育った人間には、田舎の暮らしがわかりません。専門的なことは教わりませんが、学校でちょっとやるだけでも農業がどんなに大変かわかる。それがとても大切だと思うんです。仮に、そのときにはわからなくても、後にいろいろな局面に立たされたときに生き、役立っています」

キューバの農業教育は、若者たちの心のなかにも確実に種を蒔いているようだ。

現在、小学校から大学までの全教育は無料で、識字率は九九・八％。中学一七〇〇、高校二五〇、技術専門校六〇〇、大学四七など、多くの教育機関が整備され、発展途上国のなかでは飛び抜けた教育大国となっている。田舎の農民と話していても化学の専門用語が出てきて面食らうほど、人びとの知識は豊富である[2]。だが、もっともユニークな点は、単なる頭の知識だけではなく、働くことと学ぶこととを一致させる農業教育を、革命直後の六一年から実施してきたことにあるといえよう。

キューバには、使徒として全国民の尊敬を集めるホセ・マルティという英雄がいる。独立戦争時に戦死した彼は、こう主張していた。

「男も女も大地の知識を養わなければならない。書物を通じて間接的に学ぶことは不毛であり、自然からの直接的な学びのほうが実りが多い。朝にペンを持たば、午後には耕せ[3]」

マルティの理想を受け継いだカストロも、次のような発言をしている。

「社会が勉学の権利を普及させるのであれば、労働の義務も普及させなければならない。そうしなければ、肉体労働と物質生産にまったく無縁の知識人層をつくり出すことになりかねない[4]」

革命後の教育はマルティの理念を大切に継承しているから、ほとんどの小学校に学校農園が設けられ、生徒たちは野菜や果物を栽培する。農園での作業は労働教育のカリキュラムの一部で、子どもたちが額に汗して働くことの大切さを実感したり、農業や自然の仕組みを学ぶ生きた教材として役立っている。収穫物は学校給食に使われる。

自然環境と調和したライフスタイルをどう送っていくか。人びとが心豊かに助け合うコミュニティを築くにはどうしたらよいのか。日本でも、健全な社会の基礎が、地域社会を担う一人ひとりのモラルや、それを育む教育にあることが、ようやく認識され始め、二〇〇二年から総合教育がスタートした。だが、キューバは四〇年も前から農業教育に取り組んでいるのだ。一歩も二歩も先を進んでいるように思えてならない。

ハバナ湾に面した教育省に、ヘスス・ロドリゲス・イズキエルド教育指導官を訪ねた。中央省庁とはいえ、ここも崩れかかったオンボロのビルである。

「五歳から一一歳の子どもは一〇〇%小学校に通っています。小学校教育は、一年生から四年生までの前期と、五年生と六年生の後期とに大きく分かれ、前半の四年間は一人の同じ教師が教えます。そのほうが、一人ひとりの子どものよいところ悪いところがわかり、父母と濃密なコミュニケーションがとれるからです。一クラスは三五〜四〇人でしたが、二〇〇〇年から二〇人にする運動を展開し、いまでは四八%が二〇人クラスになりました」

子どものころから何らかの労働や作業をさせる教育は、「エドカシオン・ラボラール」と呼ばれている。

「小学校の高学年から、この労働教育が始まります。カリキュラムは教育省でつくり、たいていは農業を通じて働くことを教えています。大切なのは、住んでいる地域に関連して教えることです。たとえば、山岳地域ではコーヒーを栽培していますから、コーヒーにはどんな花が咲き、どんな形の豆が実るのかを教える。野菜が多い地域ではトマトについて、サトウキビ地帯ではサトウキビについて学ぶようにしているのです。また、農村では父母が農業をしている場合も多いので、いっしょに農作業しながら学びます。

多くの小学校には学校農園が併設されているし、都会で畑がない場合は近くの農場に協力を仰いで、子どもたちに農作業をさせています。給食用の材料を全部自給している学校もありますが、子どもに作業をさせるというよりも、食べ物の栽培をとおして、生きるとはどういうことかを学ばせるためにやっているのです」

◆有機農園とバイオガスプラントを併設する小学校

教育省農業生産部局の全体統括技官、日本流にいうならば農業教育担当のレイナルド・ルイス・ラサさんの案内で、ハバナ市内のグラル・エニロ・ノネス小学校を訪れた。スス・マリア校長が、農園へ案内してくれる。かなり広い。ざっと見たところ三〇〇坪はあるだろう。

「ここでは保育園から六年生まで三六〇人の子どもたちが学んでいます。レタス、トマト、セル

小学校の食堂で作った野菜を並べる子どもたち。右端がデビアさん

カ（ホウレンソウ）、オレガノ（シソ科の香草）などを作っています。他の学校からも子どもたちが来ます。農業は大切です。ホセ・マルティが言ったように、人間は自分の手を動かすことで成長するからです」

ダナ・ペレス・ベガさん（一二歳）、デビア・バカヤオ・バイエステルさん（一一歳）、そしてラウル・デュラン・ソコロバ君（一二歳）が草むしりをしているので、話を聞いた。

デビアさんは「野菜にはビタミンが含まれているので、いっぱい食べます」と、にっこり笑う。農作業が一段落すると、「私たちが作った野菜を食べてよ」と食事の用意をしてくれた。銀色のお皿の上に、きざんだキャベツやらラディッシュやら色とりどりの野菜が芸術的に並べてある。野菜を使って美術の授業もやっているのだろう。

子どもたちの農園づくりには、近所の人たちもアドバイザーとして参加する。立ち会ってくれた中年の女性に尋ねると、とくに自分の子どもが通っているからではないという。地域の子どもは地域のおとなみんなが大切にするという考え方が、当たり前のものとして生きているのだ。

「子どもたちがちゃんと食べられるように、学校給食を充実させてきましたが、経済危機のときに食料が不足しました。給食が出せないから学校に来られないということがないように、教育省では農作物を生産するグループを各学区ごとに組織したのです」

レイナルドさんは、教育省が設けた学校農園だけで、二〇〇〇年に四万六〇〇〇トンを生産したという。

「そして、学校教育にも有機農業を組み込みました。熱帯農業基礎研究所がつくった有機農業についての専門書を教育省なりに解釈して、教育指導に使えるように出版しました。耕すときには牛を使う、バイオ農薬を使う、ニームを利用する……。たとえばニームを学校で植え、飼育している家畜の病気を治すためにも使っています。全部の学校農園に有機農業を導入し、給食がきちんと出され、子どもたちが食べられているかどうかを確認する責任を、私は負っているのです」

次にレイナルドさんが案内してくれたのは、ハバナ市郊外のフリオ・アントニオ・メジャー小学校である。校長は、ドラ・フェレラ・アコスタさん。保育園から六年生まで四八〇人が学ぶ、学校とはとても思えないスペイン風の重厚な古風な建物だ。

「ここは一九三四年に造られた金持ちの邸宅で、革命後は政府の施設でした。給食がきちんと食べられる学校がほしいという働くお母さんたちの要望を受けて、七一年に学校になったのです。かつてホセ・マルティはこう言いました。『ある民族のために真の宝をもたらすことができるのは農民なのだ』と。ですから、創立時から農業を取り入れています。近くの養豚場で豚糞をもらい、堆肥をつくって、有機農業をやってきました。化学肥料も農薬もまったく使っていません。バナナはサツマイモとの輪作で育ててきました。二〇〇〇年からは豚糞を使って、給食の調理用にバイオガスもつくっています。むかしは石油を使っていましたが、いまはまったく使っていません。バイオガスは経済的にも有利です」

校長に案内してもらい、自慢の調理室を見学した。試験的に点火してくれたのだが、相当な火力だった。プラントはすぐ近くにあり、コンクリート製の発酵槽が地下に埋設してあった。すぐ隣が養豚場だが、臭気はほとんどない。バイオガスを研究している環境クラブの子どもたちが、プラントを取り囲む。校長が胸を張って言った。

「外国NGOの援助を受けたバイオガスプラントは他にもありますが、ここは一〇〇%キューバ製です。バイオガスの利用によって二酸化炭素の排出を削減できるし、大気を汚染しません。子どもたちの環境学習に役立っています」

◆中学生はグリーン・ツーリズム

ごく普通の庶民であれ、ゴンサレスさん夫妻のような元研究者であれ、キューバ人のモラルの高さには驚かされることが多い。こうした人材を育てるベースとなってきたのが、土に根差した教育なのだ。

中学生になると、日本流にいえばグリーン・ツーリズムないし山村留学が行われている。滞在期間は日本と比べものにならないほど長く、二年生と三年生が半月から一カ月を農村に設けられた寄宿舎で過ごす。畑で働くのは朝と午後の二時間ずつ。あとは近くの山や農村でキャンプしたり、勉強する。レイナルドさんが言う。

「かつては四五日間と決まっていましたが、九〇年代に入って農業省と協議し、作物の内容に応じて一五日、二〇日、三〇日の三タイプに分けました。学校ごとに順番に農村にある寮を利用するのです。土・日には子どもの様子を見に、両親もやって来ます。子どもたちに会う目的もありますが、子どもたちが田舎でどんなに素敵な体験を送ったかを父母に伝えるうえでも大切なのです。もちろん、病気にかかっても困らないように医師が随行します[5]」

農村にある中学校も同じだ。寄宿舎には泊まらないが、近くの農場を利用して同様のカリキュラムをこなす。

農業を通じて学ぶというこのシステムは、専門学校、高校、大学でも変わらない。ほとんどの高校は田舎にあり、生徒たちは、全寮制の下で半日を農業実習に費やす。これは義務でもあり、病気がちとか体力がないとか健康上の問題をもつ生徒だけが、都市部の高校に入学するという[6]。高校では、畑を耕したり、家畜の世話をするほか、農村の国営農場や協同組合農場で柑橘類やタバコの収穫作業を行うことが多い。これは、勤労動員というよりも、農作業を通じて、数学、化学、博物学を総合的に学んだり、責任感や倫理感を高めたり、協力し合って物事を達成する喜びを学ぶ手段とされている(7)。

「経済危機で交通事情が悪くなったので、最近は中学一年生は農村に出かけなくなりました。その代わりに、たとえばハバナ市では市内の都市農業を活用して農業を学んでいます」

「経済状況が変わるなかで、農業教育を見直すことはないのですか」

「もちろん、ありません。ホセ・マルティの思想をもとに、このシステムを六一年からずっと続けてきましたし、教育省のなかに批判する人はいません」

農業教育の大切さを切々と主張するレイナルドさんだが、高校では化学を学び、農業は好きではなかったという。

「私はずっと化学を教えてきて、経済危機になってから改めて農業を学び始めたんです。教育省内で農畜産グループをつくる運動があり、それに参加しました。キューバは経済危機のなかでより強くなり、世界銀行やＩＭＦの援助も受けていません。私たちの仕事は、子どもたちに農業に参加してもらい、教育を通じて食料や農業の問題を解決していくことなのです」

2　市民たちの野菜食普及運動

◆伝統食を復活させる、キューバ流スローフード運動

革命以前のキューバでは、庶民の平均的な食生活は米、豆、イモ類が中心で、肉やパン、パスタといった高カロリー料理を食べられるのは上流階級だけだったという。そこで、革命後は食生活の近代化、すなわち西洋的な食事を理想とする「栄養改善運動」が推進された。

国連のカロリー摂取基準よりも高い目標値が掲げられ、輸入小麦で作られたパンやパスタ、輸入配合飼料で育てられた牛や豚の肉、卵、そして大量のラードや油で調理された料理を誰もが食べるようになる。トウモロコシや根菜類は肉に比べれば格が落ちるとされ、あまり見向きされなくなった。日本でも戦後、米の消費量が減り続けているが、同じ現象が近代化の名のもとにキューバにおいても進んだのである。

しかし、食料危機のなかで、そうした食生活は維持できなくなる。カストロは九一年の第五回農林業技術会議において「肉から野菜へと供給源が替わるにしても、カロリーとタンパク質の不足を認めるわけにはいかない」と力説し、米とヴィアンダスをベースとした革命以前の伝統的な食生活へ戻ることを強く推奨した。ヴィアンダスとは、キャッサバ、白サツマイモ、カリブ里イモといっ

た根菜類の総称である。近代農業の推進とともに作付面積が減っていたが、再評価されて復活し、自給率の向上に大いに貢献している[8]。

肉から野菜への変化は、いうまでもなく身体にとってよい。健康上からも高く支持されている。アクタフのエビディオ・パエスさんが言う。

「たとえば、ホウレンソウの赤い部分にはビタミンが含まれていて、血行をよくします。ところが、どう料理するのかを教えてきませんでした。いまその指導を医師や学校がやっています」

実際、ファミリードクターと呼ばれる町中の医院を訪ねると、どの野菜にはどんなミネラルやビタミンが含まれ、どの野菜を食べると身体によいのかを書いたポスターが貼ってある。とはいえ、野菜文化がなかっただけに、料理方法は日本の感覚からすれば味もそっけもない。キューバ人たちはレタスをもっとも好むが、味付けといってもビネガーか塩をかけるぐらいで、実にシンプルだ。

「おいしい料理方法が広まるといいですね」と言うと、エビディオさんは大きくうなずいた。

「それが一番必要なんです。ラジオ放送を通じて野菜の宣伝をしています。朝六時一五分からは毎日、月・水・金は七時からも同様の番組をやっています」

また、「朝の光とともに農民は起き出し、畑で命を植えている」というメッセージとともに始まる農業専門のテレビ番組『デ・ソル・ア・ソル（日の出から日没まで）』もあり、有機野菜を使った料理を紹介している。

国民の食に関する嗜好を国営番組を通じて国家がコントロールすることは、政治的にもきわめてデリケートな問題で、賛否両論があるだろう。日本でも「食料・農業・農村基本法」で自給率の向上が提唱はされたものの、食習慣を具体的にどう変えていくかについては明らかにされていない。だが、是非は別として、キューバではカストロ自らが、まずベジタリアンとなった。上に立つ者が実践し、国民に示すのがキューバ流である。

もちろん、キューバ流「スローフード」運動は上からの指導だけではない。ボトムアップの草の根運動としても、さまざまに展開されている。そんな活動のいくつかを紹介しよう。

◆食農教育にかける農家の思い

ハバナ市に、マリア・ボロネさんとエリベルト・ガヤールさんという、脱サラで農業を始めた元教師夫妻がいる。

「学校は辞めましたが、愛情を込めて野菜を作る意味を子どもたちに教えたいんです。私たちの農場には六つの学校から週に二日、火曜日と木曜日の午後二時に子どもたちがやって来ます。昔は遠くまで出かけて行きましたが、いまは交通事情が悪いし、その経費も出せません。でも、都市農業があれば子どもたちは農業の勉強ができます。私は子どもたちを集めて、有機農業がいかに大切か大演説するんです」

小柄なマリアさんは、とてもパワフルだ。熱がこもった畑の授業が聞けるにちがいない。だが、マリアさんは農作業を強要はしない。

「ちょっとやったら飽きる子どももいれば、遊んでしまったり、与えられた仕事を半分しかやらない子どももいます。でも、ちゃんとやりなさいと説教したりはしません。子どもたち一人ひとりに好みがあるし、強制しても反発を招くだけだからです。子どもたちが後になってから、『あのとき、農業の大切さを教えられたな』と思い出すきっかけになればと思っています」

二一三ページで紹介したアベル君の話を想起させる言葉である。

「夏休みに小遣いがほしくてやって来る子どももいます。そうした子どもには、ちゃんと働けばお金を出します。若者も農業が嫌いなわけではないし、好きなものを買えるのでよく働いてくれます。私たちにも四人の子どもがいますが、アルバイト代を払っています」

学校を辞めても、人に教えることに変わりはない。教師の経験は、子どもたちに農業を教えるのに役立っているそうだ。マリアさんのようにエネルギッシュな畑の先生に農業を教わる子どもたちは、幸せだろう。

セグンドさんとオルガさん夫妻（二七ページ参照）も、子どもたちへの教育の大切さを実感し、都市農業をとおして食農教育をしようと頑張っている。

「三〇歳を過ぎた人たちにいまさら豚肉や牛肉を食べるなと言っても、なかなか染みついた習慣を変えるのはむずかしいです。また、子どもたちの食生活にも目を配らなければなりません。わが家では、レモン、パイナップル、グァバ、マンゴーを有機栽培で作っているのに、娘は缶ジュースやコーラをくれとねだるんです」

そう言ってセグンドさんは苦笑いする。どこの国でも事情は変わらないようだ。

「そこで、農業省や教育省と話し合って、子どもたちの将来のために、学校の近くに住む農民が給食に野菜を直接供給することにしたんです。私は七つの小学校と保育園と契約し、いま一〇〇〇人の子どもたちに野菜を出しています」

セグンドさんたちと、小学校への野菜供給のアイデアを政策化したのは、ハバナ市の都市農業グループのエウヘニオ・フステル長官である。二〇〇一年九月に六〇校でスタートし、年末には六八〇校、〇二年一月末には市内にある九四三校すべてに供給できるようになるという。政府は、学校が直売所の六割の価格で農家から農産物を買い入れられるように予算を組んだ。〇一年九月から一二月までだけで五〇〇〇万ペソの補助金を投じたという。

◆保存食作りを市民に普及

ハバナ市マリアナオ地区の住宅街の一角には、ホセ・ペペ・ラマさんとビルダ・フィグエロア・リマさんという定年退職した夫妻が始めた、食品加工技術の普及啓発センターがある。キューバの夏は暑く、野菜栽培がむずかしい。冬季しか育たない野菜や果物を夏の間も利用するには、加工して保存食にするのがよい。夫妻は、野菜やハーブ、薬用植物を乾燥させたり瓶詰めにして簡単に保存できる方法を研究・開発した。

オオエ・オルガさんが自家製ピクルスの瓶詰めを見せてくれたとき聞いてみると、ペペ夫妻が開

保存食の瓶詰めが並んだセンターで話すペペさん（左）とビルダさん

催したワークショップで作り方を教わったという。キューバは広いが濃密なコミュニティなので、筆者が出会った人たちも顔見知りであるケースが多い。椅子が並べられた教室に併設した、一六〇以上の保存食品が展示されている喫茶店風のサロンで、夫妻から自家製のハーブティーをごちそうになりながら話を聞く。

「妻は長く農業省に勤め、博士号ももっていますが、私は軍で機械関係の仕事をやっていましたから、最初は種子をどう播くかもわかりませんでした。でも、キューバの人たちは誰もが教育水準が高いし、いまの時代に何が必要かがわかっています」とペペさんは冗談半分に自慢した。

「ですから、八七年ごろから、いろいろな農業の本を読み、外国でやっていることも研究し、自宅の庭で農園を始めたんです」

並んで座っているビルダさんが補足する。

「キューバでは夏に野菜や果物が不足します。保存食の研究は、わが家の野菜不足から始めたんです。そして、近所の人たちにボランティアで教え出し、だんだんと広い場所が必要になって、九八年にこのセンターを造りました。地区のみんなが協力してくれたので、ずいぶんと安くできたんです」

ペペさんは、みんなに作り方を教えているという瓶詰めのビネガー、植物油に浸けた野菜、乾燥させたハーブなどを手に取りながら、話を続ける。

「啓発用のポスターは毎年、七万枚つくっています。九八年からは三つのラジオ番組をやり、一二〇本のテレビ番組に出演しました。毎日のように問合せの電話があります。それに、二〇〇一年だけで一四〇〇〇通もの手紙を受け取りました。手紙には、ビネガーの作り方や野菜の保存方法を書いた返事を出します。各地に講演に行くときは出演した番組のテープや保存食の見本を持っていきます。実物を見せることが、みなさんを納得させるのに一番有効ですね。以前は野菜を保存する習慣はなかったんですが、いまでは多くの人たちが取り組むようになりました」

夫妻は普及用にビデオも制作しており、その経費は国内外のＮＧＯがバックアップしている。依頼があれば、ハバナ市内だけでなく、近隣の州まで出かけていって、ボランティアでワークショップを開くという。

◆学校教育を通じて野菜食文化を定着させたい

「もちろん、このセンターは大いに活用し、毎週木曜日には地区のグループや主婦向けのワークショップをやっています。参加者はだいたい一五～二〇人です。学校にも出かけ、子どもたちにビネガーの作り方やピクルスの漬け方を教えてきました。教えられた子どもが別の子どもに教え、学校から学校へと伝わっていくのです」

「キューバ政府はハバナ市を手始めに、地元で穫れた野菜を学校給食に使うプロジェクトを始めているそうですね」

「はい。とてもよいことです。同時に私たちは、たとえ小さな畑であっても子どもたちが自分で野菜を作り、どうすれば野菜ができるかを学ぶことに、こだわっています。小さな学校農園しかなく、子どもたち全員が食べられるだけの野菜を作れない学校もたくさんあります。でも、子どもに仕事をさせることはできるでしょう。それが大切なのです。『食べることよりも、自分で作ることが大事だ』というのは、ホセ・マルティの教えですが、その意味を子どもたちに伝えたい。

野菜が嫌いな子どもがいたんですが、その子がレタスの苗を植えて、毎日水をやって育てた。すると、自分で作ったレタスだから食べたいと言い出したんです。それが、何かを作ることで自ら学ぶということなのです。中国に『自分で獲れば、どんな小さな魚であっても大切さがわかる』という格言がありますね。我慢強く、少しずつやっていくことが大切なんです」

ペペさんの説明を、ビルダさんが再び補足する。

「私たちは教えるにあたって三つの原則を大切にしています。ひとつは、これをやれ、あれをやれと言わないこと。子どもたちのなかにやりたいという気持ちが自然に生まれるように、指導します。農業をやりたいという気持ちを引き出すのです」

強制はしないというマリアさんと同じである。

「二つ目は、おとなが子どもを指導するのではなく、子どもたち同士が学び合うようにすること。クラブ活動には一人の先生が指導につきますが、子どもが自分でやるように教えています」

キューバの小学校では、子どもたちが興味をもったことを自分たちで学ぶ、「シルクロ・デ・インテレス」というクラブ活動の時間が週二日、二〜四時間設けられている。

「三つ目は、コミュニティも教育の責任をもっているということです。それで、都市の中で畑をつくり、地域の環境をよくするとともに農業を発展させて、人間として成長できるように、手伝っているのです」

日本ではようやく地域の教育力が注目され出したが、キューバではいち早くコミュニティ教育に取り組んでいるというのだ。

「いま教育にはコミュニティも責任があるとおっしゃいましたが、本当にそんな政策を国が始めたんですか」

そう問いただすと、ビルダさんはちょっと困ったような顔をした。

「外国から来られた方々とお話しすると、キューバ人が言っていることはいつも政府の考えを代弁していると思われてしまうのですが……」

それは政府の見解ではなく、あくまで夫妻の考えであると強調したうえで、こう続けた。

「もちろん、全課目、全学習時間の責任は教育省が負っていますが、以前から学校はコミュニティと密接な関係がありました。九二年の地球サミットで環境が大きなテーマとなって以来、環境を通じて学校とコミュニティとの関係が一層深くなったんです。環境に対するみんなの関心が広まったので、私たちのプロジェクトを通じて学校でも新しい食文化を教える活動が始まりました。キューバでは、あまり生鮮野菜を食べてきませんでした。野菜畑はごく少なく、砂糖と肉を食べられればリッチだという考え方を誰もがもっていたんです。不足するミネラルやビタミンは、ビタミン剤を輸入し、ポリビットという薬品を飲むことで補っていたんです」

九九年に、ドイツの団体が夫妻のセンターを見学に来たとき、ベジタリアン料理を出したという。みんなが「おいしい」と言って食べたが、案内役として参加していた一人のキューバ人だけが、「おい、いったい肉はいつ出るんだい」とずっと待っていたという。ペペさんは強く主張する。

「私たちは、近い将来キューバ人の食生活に革命をもたらしたい。その革命は誰が起こせるかというと、子どもなのです。おとなは、むかしの悪い食習慣をもっています。でも、子どもが家で『お父さん、それは間違っているよ』と教えれば、父親も理解できるはず。だから、子どもに教えているのです」

夫妻は、毎年二万人に学校でのスピーチやコースを通じて野菜食の意義や保存食の作り方を伝えるという。それが、また口コミで広がっていくのだから、すさまじい普及度といえるだろう。

◆食文化をとおした国際交流

センターの正面には、通りをはさんで農園付の保育園がある。夫妻はこの保育園でも、園児たちに畑の手入れをさせている。農園には所狭しとばかり野菜が植えられ、通信販売で種子を買ったという日本の壬生菜や水菜も植えてあった。この農園づくりには海外からの援助も受けたそうだ。

キューバの建築家グループがオーストラリアから協力にやって来たグループにパーマカルチャーを学んだことが契機となり、両者の交流が始まり、「グリーン・チーム」という都市農業の支援組織が誕生した。ここでレクチャーを受けたキューバ人たちは、そのノウハウを活かして都市農業に取り組んでいる。保育園で農園を始めたのは、このグリーン・チームの参加者だった。

その後も、夫妻の活動にはさまざまな海外団体がかかわっている。たとえば九七年初春、イギリスのグループが有機農業の状況を視察した。そのとき感銘を受けた参加者は、「キューバ有機支援グループ」(Cuba Organic Support Group) を発足させる。そして、夫妻が学校やデイケアセンターに農園をつくるための資金援助を行い、学校農園用に農機具をプレゼントした(9)。夫妻のセンターは海外援助と国際交流の拠点にもなっているのだ。

「この五年間で、五四カ国から来訪者がありました。毎週二回は外国人が来ます。ベトナム大使も来たし、フィリピン、オーストラリア、ニュージーランド……。私たちの保存食の本は英語で出版したんですが、アフリカ九カ国、フィジー、モーリシャスでも出版されています」

キューバは国際連帯を国家方針として掲げているだけあって、夫婦二人の活動でもこれだけの世界的な広がりをもっている。九九年だけで四〇カ国の人びとが訪れたという。知らぬは日本だけというわけか。

たまたま持参していた梅干しを「酸っぱいですよ」と脅かしながら、日本の伝統保存食の見本として差し出してみた。ぺぺさんはちょっと不安そうに口に入れて味を確かめ、やがて満面の笑みを浮かべて言った。

「実に素敵な味じゃないですか。そんなに酸っぱくないし、塩だけじゃなくて独特の深みもある。これは、いったいどんな果樹から作るんですか」

日本との交流についても関心をもつぺぺさんは、梅と似ている果樹を教えてほしいと農園内の果樹を一本ずつ案内してくれ、加えてこう訴えた。

「日本の種子をもっと手に入れて、キューバの気候に根づくものがあるか実験してみたい。それに、日本は優れた発酵文化をもっていると聞きます。そんな文化をキューバに新たに導入してみたい。私たちは海外とそうした情報交流をするために本を送っているのです。もっともフィジーからは、なんとサルの料理方法が返ってきました。これは、とてもキューバでは使えません（笑）」

夫妻の望みを聞いた有機農家・金子美登さんは、自慢の自家採種の種子を在日キューバ大使館経由でプレゼントした。しばらく経って、筆者宛にお礼のメールが届いた。

「種子はちゃんと受け取りました。本当にありがとう。また、キューバでお会いできることを楽しみにしています」

二〇〇二年秋には、夫妻の農園にきっと日本の有機野菜が育っているだろう。

3　実践的で開かれた大学教育

◆食料自給の目的で新たに農業科学部を設立

キューバの大学農学部では、以前は近代農業しか教えられていなかった。九四〜九五年にかけて教育改革が行われ、いまではすべての農業専門学校、大学に有機農業の講座が設けられ、全学生が有機農業を学んでいる。最初の専門コースがハバナ農科大学に設けられたのは九五年で、志願者は他のコースの一〇〜二〇倍と高い人気だったという。

また、専門家や技術者、農家も、有機農業についての知見を深める必要がある。そこで、大学を卒業した専門家が有機農業を学んだり、修士号を取るためのコースも、全国で整えられた。

毎年、大学で有機農業の専門コースを受講する人は一〇〇〇人に及ぶという[10]。どんな有機農業教育が行われているのだろうか。シエンフェーゴス大学の事例を紹介しよう。同大学の農業科学部は、農業改革を支援しようと九四年に新しく設立された。持続可能な有機農業を発展させるため、

「コミュニティレベルでの研究と普及活動を総合する」というのが設立の趣旨である。有機農業、都市農業、薬草、家畜の健康など、バラエティに富んだ講座が設けられ、行政職員、女性農業者、研究者など受講者に応じた特別のカリキュラムやコースも組んでいる。

「新しく農業科学部が設けられたのには、特別の目的がありました。それは、シエンフェーゴス州居住者の食料生産を強化するためなんです」

農業科学部のアレファンドロ・ソコロ教授は、インタビューの冒頭でまず自給の必要性を強調した。シエンフェーゴス州は、人口の八〇％が市街地に住み、うち三五％が州都シエンフェーゴス市に集中している。以前の長期計画では工業都市という位置づけだったが、いまは違う。キューバにある一五州のなかで三番目に小さいため、食料自給のモデル州とされた。有機農業も盛んになり、九六年の化学肥料の使用量は八九年のわずか一二・三％、農薬は二四％。そのほとんどがジャガイモ用で、それ以外の作物の大半は有機農法で栽培されている[11]。

「以前は工業地帯が整備され、窒素肥料の製造プラントがありましたが、ソ連崩壊で原料が入らず、動かない。そのプラントをアゾトバクターを利用した微生物肥料の生産に回しました。また、サトウキビの国営農場も耕作が困難になり、発想を切り換えて、自給自足をめざし、サトウキビ以外の農業を発達させることにしたのです。そのためには、有機農業と都市農業を運動として広める必要がありました。ハバナ市ではすでに都市農業がスタートしていましたが、九四年からはラウル・カストロの意見もあり、キューバ全土の都市に広げることになります。こうした社会事情を背景に、地方の大学でも農業や畜産の研究が必要になったのです」

◆現場で働きながら研究を行う実践教育

農学部教育は農業省と密接に連携している。農業省が専門教育の内容を定め、大学はその要請によって講座を設ける。一方、大学側は、サトウキビ農家向けに専門コースを組むなど、大学の講師陣が同時に農業省の農業教育や普及指導も行っている。学生たちはどのように学んでいるのか。ソコロ教授の話を続けて聞こう。

「一年目は大学が設けた講座を受講します。エコロジーは選択課目ですが、都市農業や有機農業は、基礎教養として必修です。都市農業、有機農業、持続可能農業は、どの大学の学生も学ばなければなりません」

たとえば、全国の大学の一般的な講座内容は表20のとおりだ。有機農業をコアとして授業が組まれていることがわかるだろう。ただし、大学教育も机の上で知識を学ぶのではなく、小学校から高校までと同様に、働きながら学ぶ実践的な内容となっている。それは、ホセ・マルティが考案した「クラス、ラモラール、インベスティガシオン」と呼ばれる方法である。

「他の大学でもやっていますが、私たちはこの三つの方法を組み合わせた授業を行っています。クラスは教室での授業です。ラモラールは、学生が農家や協同組合農場とコンタクトし、働きながら学ぶものです。そしてインベスティガシオンは、何カ月間か現場で具体的な研究を行うことを意

表20　大学の農業系学部の講座内容

工業的農業の社会と環境へのインパクト
有機農業·アグロエコロジー·持続可能農業の理論と実践
持続可能性の指標
生命倫理
持続可能な農業のキューバモデルの様相
農業生態系の構造と機能
農業生態系における生物多様性の利用と評価
水系生態系と農業生態系の組合せ
農業生態系の分析と評価技術
持続可能な農業生態系のデザインと分析
農業生態系の社会経済的な分析評価技術
土壌および水の利用と保全
有機農業における土壌保全と地力維持
輪作と間作
最小耕起と不耕起栽培・牛耕
持続可能な農業の機械化
有機農業における病害虫管理と総合防除
有畜複合農業
持続可能な家畜生産
エコロジー農業気象学
持続可能な森林管理
オルターナティブエネルギー
伝統医学・ハーブ・鍼
地域計画と流域のマネジメント
農業プロジェクトの設計と評価
エコロジー経済
有機農産物の認証とマーケティング

（出典）Fernando Funes and Peter Rosset et al. eds., *Sustainable Agriculture and Resistance : Transforming Food Production in Cuba,* Food First, 2002, P.100～101 より作成。

味します」

日本には、こうしたシステムがない。そこで、この三つについてより詳しく教授に聞いてみた。

「まず、何のために物事を行うのかを学ぶ。次に、自分の行為について深く考える。そして、考えた後に経験を積むための実践を行う。哲学的に説明すると、この三段階で学ぶのです。農業科学部と獣医学部は五年までであり、一年生は全部がクラスです。二年生になると半分ほどラモラールが加わり、四年生と五年生は全部がラモラールとインベスティガシオンになります。つまり、二年生になると学生たちは現場で学び、四年生と五年生は現場で働きながら研究も行うわけです」

学生たちは、都市農業や有機農業、持続可能農業を学ぶため、農業省の事務所に出かけたり、農家を訪ねたりして、第一線で何が問題となっているのか、今後どんな分野を発展させたらよいのかを調べる。都市農業であれば、ミミズ堆肥のより優れたつくり方、オルガノポニコの改良方法など、現場が抱えるテーマを見つけ出し、自分たちで研究プランを立てていく。

「学生たちがプランを立てると、課題ごとにグループをつくり、テーマに沿った授業を行います。四年生や五年生のグループは、実際に自分たちでミミズ堆肥やオルガノポニコをこしらえ、種子を播く間隔や苗を植え付ける間隔の実験をするのです。こうして、教室で三年間学んだことを、農家や協同組合の現場で実証研究し、自分で身につけていきます」

◆成果をあげる学生たちの現場密着型の研究

「現場で研究を行うことの重要性はわかりますが、学生たちの研究は実際に問題の解決に寄与しているのでしょうか」

「もちろんです。非常によい結果が得られています。現場に立脚した教育を行っていますから、学生たちは農家がいま何を悩んでいるのかがよくわかる。自分が研究をして解決しなければならいという強い使命感を抱きます。むろん、いつも成功するとは限りません。成果が得られないこともありますが、結果だけが大事なわけではなく、きちんとした目的と問題意識のもとに研究することが大切なのです。

学生たちにより責任感をもたせようと、研究プロジェクトにも参加させます。あるグループは、環境省との共同プロジェクトを行いました。有機農業を発展させるために、各地域ごとに野菜、根菜類、穀類のどの品種が向いているのか、大学と共同研究したのです。国家の一大プロジェクトでしたから、非常に責任が重かったのですが、学生たちは一所懸命に取り組んで、よい成果をあげました。オルターナティブな肥料や堆肥づくり、病害虫のコントロール、家畜の治療、飼料の研究……。学生たちが取り組むべき課題は数限りなくあります」

キューバの学生たちの水準は高い。農学部に入学する学生は、一般高校ではなく農業専門学校を卒業しているため、ある程度は基礎知識を備えている。以前の教育システムでは、高校から直接大学に入学するコースもあったが、現在は質を高めるため、一年間農業専門学校で学んだ後に入学試験を受けるよう制度を改めた。受験科目は、スペイン語、数学、化学、生物学だ。

そして、合格したからといって卒業できるとは限らない。一年生から三年生の間にだいたい四〇%がふるい落とされる。四年生にまで進学できればほぼ九〇%が卒業までこぎつけるが、ここでも適性のない学生は卒業できない。キューバでは、研究者や行政職員の名刺に大学卒業を意味する「Lic encia」（学位）という文字が誇らしげに入っていることが多いが、「学位」の肩書きは重い。

本当に厳しいトレーニングを経て、国家が有意な人材と認めた者だけが、大卒の肩書きを掲げられるのである。

ただし、決して学歴や肩書きだけが重視されているわけではない。ハバナ市だけに人材が集中しないような制度上の工夫もこらされている。

「私たちは、なるべくシエンフェーゴス州出身の農家の子弟や協同組合農場の青年に入学してもらいたいと願っています。なぜなら、そうした若者は、卒業後ハバナ市へ行ってしまわずに、地元に残って郷土の発展に尽くしてくれるからです。協同組合農場が推薦した学生には、入学前に農業専門学校で学んでいる間、協同組合から奨学金が支払われます。もちろん、きちんと学んでいるというリポートを出す義務は学生にありますが……」

◆現場技術者に有機農業を教える社会人コース

筆者が訪れた二〇〇二年一月当時、シエンフェーゴス大学農業科学部で学んでいたのは四年生・五年生各一五人だが、他にも学生はいる。

「本学には、学生コース以外に社会人向けの修士課程があります。在籍者は二五人で、彼らは一五日ごとに大学にやって来て指導を受けます。もともと関心をもっている人が入学しますから、落第はまずありません」

すでにふれたように、新たに農業科学部がつくられた理由のひとつは、現場技術者に有機農業の知識を身につけてもらうことである。

「修士課程には、有機農業の専門コースがあります。有機農業の修士課程は九八年にハバナ農科大学で初めて設けられ、地方大学にも広がりました」

修士課程では、基本的に自分で研究を進めていく。必要な資料を得るために大学を利用し、教授とコンタクトして疑問点を確認する。

「こうしたシステムをとる理由は、受講者たちは農村で実際に働いているからです。月に一度ワークショップを行い、経験談を語ってもらいます。新鮮な実践をモデルとして研究に使えるし、カリキュラムにも役立ちます。教授陣が一方的に教えるのではなく、生徒からも学ぶシステムになっているのです。このワークショップには一般の農家も参加できます。卒業には二年から三年かかりますが、毎年ほぼ三〇人が卒業しています」

また、授業内容を充実させるために、プロフェソール・ア・フントという制度がある。これは「隣にいる先生」という意味で、他の大学の講師や協同組合農場、あるいは農家の人たちにも先生になってもらうのだ。

農業科学部には教授をはじめ一二人の講師陣に加えて、二四人の協力者がいる。さらに、協同組合農場を含めて依頼を受けて学生の受入れや指導に協力する人びとは五〇人にも及ぶ。レネ・レイバー君（一八九ページ参照）も、ソコロ教授の生徒たちを受け入れている。

日本でも大学教育のあり方が問われて久しいが、キューバでは、「社会に開かれた大学」「現場と密着した研究」など、いま検討されている大学改革をすでに実践しているのである。

（1）Medea Benjamin, *Cuba : Talking about Revolution—Conversation with Juan Antonio Blanco,* Ocean Press, 1997. David Stanley, *Cuba,* Lonely Planet Publications, 1997. Christopher P. Baker, *Moon Handbooks : Cuba,* Avalon Travel Publishing, 1997.

（2）ただし、筆者の通訳をしてくださった瀬戸くみこさんは、「上から教えられることをそのまま話す人が多く、自分の頭で考える人は少ない」と語っている。

（3）「地域の組織化のための宗教者財団（ＩＦＣＯ）」によるラテンアメリカ・カリブ諸国人道支援プロジェクトPastors for Peace（平和のための牧師たち）の以下のサイトによる。*Education in Cuba,* 1997.〈http://www.ifconews.org/cueducation.html〉

（4）カルメン・Ｒ・アルフォンソ・Ｈ著、神代修訳『キューバガイド――キューバを知るための100のＱ＆Ａ』海風書房発行、現代書館発売、一九九七年。

（5）瀬戸くみこさんは、「宿舎の条件が悪く、女の子の親は行かせたがりません。病気になったと言って帰ってくる子どももけっこういます。でも、合宿生活は楽しいようです」と語っている。

（6）例外はハバナ市にあるレーニン高校。理数系のエリートを育てる高校で、労働体験は近くの電子工場で行い、農業はやらない。

（7）Barbara Robson, *Cubans : Their History and Culture,* The Center for Applied Linguistics : Refugee Service Center, 1996.〈http://www.cal.org/rsc/cubans/EDU.HTM〉

（8）Peter Rosset and Medea Benjamin eds. *The Greening of the Revolution : Cuba's Experiment with Organic Agriculture,* Ocean Press, 1994.

（9） キューバ有機支援グループの以下のサイトによる。〈http://www.cosg.supanet.com/cosghome.html〉

（10） Fernand Funes and Peter Rosset et al. eds., *Sustainable Agricuiture and Resistance : Transforming Food Production in Cuba,* Food First, 2002.

（11） Minor Sinclair and Martha Thompson, *Cuba : Going Against the Grain : Agricultural Crisis and Transformation,* Oxfam America, 2001.

エピローグ

日本とキューバの有機農業交流を

左から金子さん、筆者、ロドリゲス熱帯農業基礎研究所長(写真提供:金子美登氏)

カストロはもともとモノカルチャー農業が健全とは考えていなかったという。その最終目的は、食料自給の達成と、農業者や農村住民の生活水準の向上にあった。

「すでに一九六〇年に、こういう講演をしていたんです」

オオエ・オルガさんがくれたカストロが表紙を飾る冊子の表題は、「La Diversifficación en la Agricultura」、日本語に訳せば「農業の多角化」である。

農地改革を通じて大規模プランテーションを国有化し、貧しい農家や小作農に土地を再分配したのだから、当然ながら自給に向けた小規模農場の育成や農業の多角化が試みられてよいはずだった。だが、旧ソ連の衛星国として、小国キューバはサトウキビを筆頭とする換金作物を作り続けざるを得なかった。米ソ冷戦構造のなかで翻弄されてきたといってもよい。したがって、経済危機以降の有機農業による自給は、六〇年代にカストロが思い描いた真の自立への一歩が、ようやく日の目を見始めたと言えるだろう。

そして、キューバはいま、危機のなかで育まれた有機農業技術を他の国の人びとと分かち合おうとしている。たとえば、技術者は有機農法を隣国ハイチの農民に指導し、海外からは多くの農家、農業技術者、農政関係者が訪れる。第1章で紹介した有機農業国際会議以外にも、九九年五月に全国小規模農業協会が主催した国際会議には、ブラジル、メキシコ、スペイン、中央アメリカ諸国などから一〇七人が参加し、キューバの実践を学んだ。

農業省のホセ・レオン国際局長は、「私はれっきとした共産党員であって、緑の党からの回し者ではないけれども」と冗談を言いながら、「おそらくキューバの有機農業は世界でもっとも進んでいるのではないか」と自負する。そして、その技術を他の国々の環境保全のために「輸出」したいと語る。

「一つの国だけで環境をよくすることはできませんが、せめて自分の国内では公害を出さない努力をしなければならない。私たちは、それが人間の義務だと思いますし、どの国もそうすれば、地球環境はずっとよくなっていくでしょう。ですから、技術的な面での要請を受ければ、いつでも、どの国へでも、協力に出かけます」

九九年に筆者たち「キューバ有機農業視察団」が初めてキューバを訪れた折、晩餐会への招待に快く参加してくれた副農業大臣も、次のように語った。

「あなた方のような農家との草の根の交流は、実に重要で大切です。加えて、私たちは研究者とも議員とも交流したい。日本とキューバとの有機農業交流は、両国のためだけではありません。地球全体の平和と環境保全のために、尽くそうではありませんか」

二〇〇二年一月、四回目のキューバへの旅から帰国するにあたり、アクタフのハバナ支部を再び訪ねた。前年の国際会議の記念植樹の場にもなった懐かしい農場では、荒れ地だった場所も開墾され、トマト栽培用の施設が新しくできていた。開墾した荒れ地で有機野菜を生産・販売し、都市農家のモデル農場としても機能し、海外からの研修生も受け入れているのである。ちょうど、カナダから来た若い女性が研修していた。

収穫したトマトの品質をチェックしながら、エヒディオ・パエスさんは話す。

「日本からお見えになったカネコ先生に、世界中から若者が学びに来るというご自分の有機農場の話を聞き、私はそれがキューバにも必要だと直感しました。それで、カネコ先生と同じような農場をこのハバナでも成功させたいと、日々努力しています」

エヒディオさんが言うカネコ先生とは、本文でも紹介した金子美登さん（埼玉県小川町）のことである。金子さんがキューバ有機農業視察団の団長として訪問したときの実践談に感銘を受けたエヒディオさんたちは、農場を造ったのである。

「いま、ここには、日本から来たタロは一人しかいません」

タロとは筆者の名前「太郎」のことだ。

「でも、将来は日本から何十人、何百人ものタロが来る。そんな農場にするのが私の夢です」

エヒディオさんの期待に応えるかのように、〇二年三月には金子さんの霜里農場の元研修生が、キューバへ一年間の留学に旅立った。これまでほとんど交流がなかった日本とキューバだが、金子さんたちを中心に小さな友好の絆が育ちつつある。たとえ言葉や文化が違っても、有機農業や環境保全にかける人びとの想いは世界共通だ。

農場を出ると、カリブの空はすでに紅色に染まっていた。それは、はるか遠く小川町の霜里農場の上に広がる夕焼け空ともつながっているだろう。

あとがき

　環境破壊的な工業社会の未来に疑問を抱き、金子美登さんの霜里農場を初めて訪ね、研修生として農業のまねごとをさせていただいたのは、大学院生のときである。思い起こせば、有機農業とのつきあいは二〇年近くなる。

「キューバが有機農業をやっているらしい」という話を元生協職員の中尾ひろえさんから耳にしたのは、一九九八年春である。そのときは半信半疑だったが、後からパソコン上で「キューバ」「有機」というキーワードを叩いて調べてみると、それこそ数千件に及ぶ膨大なサイトがヒットしてくる。IFOAM（国際有機農業運動連盟）の国際会議がキューバで開催されたことも知ったし、本文で紹介した『革命の緑化――キューバの有機農業の実験』やアメリカのNGOフード・ファーストが制作したビデオ『キューバの緑化』も見つかった。現状はどうなっているのだろうか。興味と関心は膨らむばかりだった。

　まもなく、その期待を満たす日がやってくる。金子さんたち農業者大学校OBが企画したキューバへの視察・調査団の一員に加われたのである。日本から初めての有機農業視察であった関係で、キューバ側は大歓迎してくれた。その後、第四回有機農業国際会議の開催にあわせて、日本電波ニュース社が「知られざる有機の楽園」というドキュメンタリー番組を制作することになる。この撮影に同行したおかげで、通常ではむずかしい研究所や農業省の綿密な取材を行うことができた。同社の石垣己佐夫社長、古賀美岐ディレクター、前川光生カメラマンには、この場を借りてお礼を申し上げたい。

さらに、二〇〇二年の正月休みを利用して、一〇日間に五〇人以上の人びとにインタビューした。有機農業のルーツや、多くの人びとが「学校時代の農業体験が役に立った」と語る農業教育について知るためである。

キューバの有機農業について理解を深めていくなかで、常に筆者の脳裏に浮かんでいたのは、日本と似ているということだ。どちらも米が主食で、水田をもつ。モンスーンとハリケーンという違いこそあれ、多雨のもとで同じように雑草と病害虫に悩まされる。自給率も、有機農業へ転換するまでは日本とあまり変わらなかった。中島紀一氏は、日本の有機農業は「豊潤なアジアモンスーンの風土条件を活かしきれていない」(『有機農業――21世紀の課題と可能性』コモンズ、二〇〇一年)と述べている。日本とキューバの交流は他国と比較すると乏しいが、今後ヨーロッパ以上に技術交流していく意味があると思われる。

また、筆者にとってなにより衝撃的だったのは、一〇〇〇万人以上の人口をもつ国家が、国をあげて有機農業・持続可能農業による自給を試み、わずか一〇年である程度それを実現させたという事実である。「化学肥料を少しは使っても持続可能農業を」というキューバの研究者の見解(第4章)には、反対される読者もいるだろう。しかし、それは技術が進展すればいずれ解決できると筆者は考える。逆に、「化学肥料を少しでも使ったらダメだ」と頭から否定することで、有機農産物を高付加価値農産物として限定してしまうほうが問題ではないだろうか。

本書が技術についてページを割いた理由も、そこにある。それは、キューバを手本として、日本が「有機農産物」を買う国から、「持続可能農業」で自給する国へと変わることを、願っているからにほかならない。

キューバの有機農業については、先に述べたように膨大な情報がインターネット上で入手できる。加えて、二〇〇二年二月には『持続可能な農業――キューバの転換』という専門書（スペイン語版の英語訳）も発刊された。四回の現地取材に加えて、こうした情報と電子メイルでの追加取材によって実情に迫り、日本で初めて本格的にその全容を紹介した書籍になったと自負している。ただし、二つの点をお断りしておかねばならない。

一つは、数字についてである。キューバ農業のデータに関しては、キューバ政府が発表している統計と国連食糧農業機関（ＦＡＯ）の統計に食い違いが見られる。また、インターネットのサイトによっても、かなりの差がある。本書では基本的にキューバ政府による数値に従ったが、不正確な部分もないとは言えない。

もう一つは、有機農業の定義についてである。キューバにおける有機農業の定義は、必ずしも国際的な基準と一致していない。ときには、殺虫剤を使わない低農薬農業を有機農業とみなしている場合もあるかもしれない。また、コーデックス（FAO／WHO合同食品規格委員会）の有機ガイドラインに合致する農家数や農地面積については現在調査中だという。とはいえ、全体的に見てキューバが有機農業・持続可能農業大国への転換をなしとげたことに疑いの余地はない。

なお、本書ではスペースの関係でほとんど紹介しなかったが、キューバではソーラーパネルや水力などの自然エネルギー、自転車、薬草や鍼灸などの東洋医療、首都ハバナの持続可能な園芸都市への再構築など、さまざまな試みが行われている。これらについては、時期を同じくして築地書館から出版される『二〇〇万都市が有機野菜で自給できるわけ』で詳しく述べた。あわせて目を通していただければ幸いである。

本書の刊行に際しては、数多くの方々にお世話になった。とくに、大江正章編集長には、構成から原稿の内容確認など微に入り細に入り全面的にご協力いただいた。単著は初めてである筆者に対してプロの編集者の厳しさを伝授いただき、かつ、ともすればむずかしくなりがちな内容を、わかりやすく仕上げていただいた。本書が有機農業に関心をもつ人にとって多少なりとも価値ある内容になったとすれば、それは大江氏の卓越した編集能力と有機農業にかける熱き思いの賜物であろう。さらに、英文を中心とする全般的な資料の確認については前田美穂さんに、病害虫など専門用語のチェックについては東京都病害虫防除所をはじめ東京都農林水産部の職員の方々のご協力をいただいた。

そして、なんといっても一番お世話になったのは、キューバの人びとだ。多忙ななか異国からの訪問者の取材に快く応じていただいた。本書は、真摯なキューバの人びととの協同作品である。現地での取材調整や通訳、さらに帰国後の詳細な農業データの追加調査・確認にお骨折りいただいたブリサ・クバーナ社の瀬戸くみこ社長、通訳のパブロ・バスケス氏、取材先の受入れ調整や情報収集に労を取ってくださった在日本キューバ大使館のミゲル・バヨナ文化参事官に厚くお礼を申し上げたい。

二〇〇二年七月

吉田　太郎

【著者紹介】

吉田太郎（よしだ　たろう）

1961年　東京都生まれ。

1987年　筑波大学大学院地球科学研究科中退。

東京都産業労働局農林水産部、長野県庁などに勤務。有機農業や環境保全は学生時代からの関心事で、有機農家での研修も経験した。キューバ視察は10回を数える。2006年には本書を読んだツルネン・マルティ有機農業推進議員連盟視察団長とともに訪れた。

現　在　長野県農業大学校勤務。

主　著　『200万都市が有機野菜で自給できるわけ●都市農業大国キューバ・リポート』（築地書館、2002年）、『21世紀のモデル・キューバの有機農業』（共著、共学舎出版企画、2000年）、『サンフランシスコ市の環境保全と中間支援NPOの取組み』（共著、NPO birth, 2001年）、『森林環境2005』（共著、森林文化協会発行、朝日新聞社発売、2005年）。

有機農業が国を変えた

二〇〇二年八月一〇日　初版発行
二〇〇七年六月　一日　四刷発行

著　者　吉田太郎

発行者　大江正章
発行所　コモンズ
東京都新宿区下落合一−五−一〇−一〇〇二
TEL〇三（五三八六）六九七二
FAX〇三（五三八六）六九四五
振替　〇〇一一〇−五−四〇〇一二〇
info@commonsonline.co.jp
http://www.commonsonline.co.jp/

印刷・東京創文社／製本・東京美術紙工

乱丁・落丁はお取り替えいたします。

ISBN 4-906640-54-0 C 1061